A HISTÓRIA DA
ASTRONOMIA

A HISTÓRIA DA
ASTRONOMIA

Anne Rooney

M.Books do Brasil Editora Ltda.
Rua Jorge Americano, 61 - Alto da Lapa
05083-130 - São Paulo - SP - Telefones: (11) 3645-0409
www.mbooks.com.br

Dados de Catalogação da Publicação

Rooney, Anne.
A História da Astronomia: Dos planetas e estrelas aos pulsares e buracos negros /
Anne Rooney

2018 – São Paulo – M.Books do Brasil Editora Ltda.

1. História 2. Astronomia

ISBN: 978-85-7680-299-0

Do original em inglês: The Story of: Astronomy
Publicado originalmente pela Arcturus Publishing Limited.

© 2017 Arcturus Holdings Limited.
© 2018 M.Books do Brasil Editora Ltda.

Editor: Milton Mira de Assumpção Filho

Tradução: Maria Beatriz de Medina
Produção editorial: Lucimara Leal
Revisão: Heloisa Dionysia

Capa (Adaptação): Isadora Mira
Editoração: Crontec

2018
M.Books do Brasil Editora Ltda.
Todos os direitos reservados.
Proibida a reprodução total ou parcial.
Os infratores serão punidos na forma da lei.

SUMÁRIO

INTRODUÇÃO: RUMO ÀS ESTRELAS 6

CAPÍTULO 1 OS PRIMEIROS ASTRÔNOMOS 8
De ver a observar • Espaço e tempo • Da Pré-história à História • Astronomia e
astrologia • Contagem dos dias • Lugar e navegação • Rumo à ciência

CAPÍTULO 2 O GRANDE ESQUEMA DAS COISAS 36
Vida, universo e tudo o mais • Espaço para pensar • Nosso lugar no espaço
• O centro de tudo • A revolução de Copérnico • A soleira da era moderna

CAPÍTULO 3 FERRAMENTAS DO OFÍCIO 68
Linha de visão • Modelagem do globo celeste • A serviço de Alá • Um novo
jeito de olhar • Linhas no escuro e na luz • A escuridão visível • Ir até lá

CAPÍTULO 4 TERRA, LUA E SOL 96
A Terra no espaço • Nossa companheira, a Lua • O Sol

CAPÍTULO 5 REVELADO O SISTEMA SOLAR 122
A exploração dos planetas • Quantos planetas? • Visitantes de má fama

CAPÍTULO 6 MAPEAMENTO DAS ESTRELAS 150
Rastrear estrelas • Estrelas fora de foco • Galáxias questionadas

CAPÍTULO 7 A REFEITURA DO UNIVERSO 172
Mecânica celeste • O quadro maior • Começar e ser • O tamanho do universo
• O fim de tudo • Outros mundos, outros universos

CAPÍTULO 8 A FRONTEIRA FINAL 192
Pergunta: "Tem alguém aí?" • "Cadê todo mundo?" • Um lugar para viver

ÍNDICE REMISSIVO 204

CRÉDITOS DAS IMAGENS 208

RUMO ÀS ESTRELAS

"A história da astronomia é a história de um horizonte que se afasta."

Edwin Hubble, astrofísico, 1936

Há apenas quinhentos anos, a maioria dos habitantes do mundo ocidental acreditava que a Terra estava no centro do universo e que tudo o mais girava em torno dela. Achava-se que os seres humanos foram criados para serem senhores desse universo e que o céu era imutável por toda a eternidade.

Hoje sabemos que somos uma espécie que evoluiu e está em evolução, uma das milhões de espécies de animais e vegetais que vivem num planeta que orbita uma estrela bem pequena na orla de uma galáxia sem graça nenhuma em algum ponto de um universo cuja vastidão não conhecemos. Sabemos que há incontáveis bilhões de outras estrelas e, provavelmente, bilhões de outros planetas e que a história do universo se estende por bilhões de anos no passado. Paradoxalmente, com mais conhecimento veio mais reconhecimento dos limites de nosso conhecimento. Podemos contabilizar e explicar apenas uma porção minúscula de tudo o que há no universo. Não sabemos sequer se o universo é só um ou se são muitos.

A história da astronomia trata do surgimento do conhecimento e da ignorância. Ela nos conta que passamos a saber bastante sobre o universo e nosso lar dentro dele, mas mostra que ainda há muito mais a descobrir. Essa história mal começou, pois estamos bem no início da exploração espacial.

O céu noturno revela as estrelas que cativaram a imaginação humana durante milênios.

INTRODUÇÃO

Da superstição à ciência

Nossos ancestrais tentaram explicar o que viam no céu, geralmente usando a mitologia ao lado de observações e medições cuidadosas. Com as civilizações sedentárias, vieram os registros escritos e a matemática, que permitiram observações mais detalhadas mantidas durante muitos anos. Então, por volta de 2.500 anos atrás, os antigos gregos começaram a explicar o cosmo sem recorrer à mitologia nem ao sobrenatural, e assim começou a ciência da astronomia.

Mas a separação entre a astronomia e o sobrenatural não veio de uma vez só. Só aos poucos a astronomia deixou de ser um domínio de sacerdotes para ser interesse de cientistas. Durante séculos, as observações e os cálculos dos astrônomos tiveram fins religiosos e supersticiosos. Eles eram usados para determinar a data e o horário das orações e festas religiosas, prever condições e eventos nas esferas políticas da Terra e buscar épocas propícias para pôr planos em prática. A astrologia e a astronomia foram inseparáveis durante milênios. Até nos séculos XVI e XVII, astrônomos respeitáveis costumavam ter um pezinho no campo astrológico. Embora nem todos acreditassem que a astrologia tinha alguma validade, mesmo assim ela era lucrativa.

O grande divisor de águas

Então, num período de apenas cem anos a partir de 1543, a astronomia e nosso conhecimento astronômico mudaram mais do que nunca. Em primeiro lugar, duas supernovas gigantes (estrelas que explodem) apareceram a 32 anos uma da outra (em 1572 e 1604); até então, nenhuma fora vista. Elas demonstraram, de forma conclusiva, que o cosmo não é fixo e imutável por toda a eternidade. O antigo dogma teve de mudar para acomodar esse fato. Em segundo lugar, só quatro anos depois da segunda supernova, houve a invenção do telescópio. Ele revelou que no céu noturno há muito mais do que conseguimos ver apenas a olho nu. Esses eventos trouxeram as provas fundamentais necessárias para dar credibilidade a uma nova teoria do universo na qual o céu não é fixo por toda a eternidade e a Terra não está no centro. Com o telescópio para ampliar a visão dos astrônomos, abriu-se o caminho para o desenvolvimento da astronomia moderna.

A constelação de Touro num globo astronômico alemão da década de 1530.

CAPÍTULO 1

Os primeiros ASTRÔNOMOS

"A astronomia obriga a alma a olhar para cima e leva deste mundo ao outro."

Platão,
filósofo grego, séculos IV-V a.C.

Imagine viver na Idade da Pedra e olhar o céu à noite. O que você notaria numa noite sem nuvens? Primeiro, a Lua: um corpo brilhante e luminoso que muda de forma no decorrer de aproximadamente 29 dias, de nova a crescente, cheia e nova outra vez, e que se desloca pelo céu durante a noite. Em seguida, há um monte de pontinhos de luz brilhante. Sem poluição luminosa, seriam visíveis muitíssimas estrelas além das que conseguimos avistar hoje. Você também veria uma faixa de luz fraca com bordas indistintas que se estende pelo céu: a Via Láctea.

Há quatro bilhões e meio de anos, a Lua brilha sobre a Terra com a luz refletida do Sol.

OS PRIMEIROS ASTRÔNOMOS

De ver a observar

Não haveria muito a fazer à noite nos períodos Paleolítico e Neolítico, e, noite após noite, você observaria esses objetos no céu com alguma atenção. Talvez então notasse que a maioria dos pontos de luz cintilam, enquanto alguns têm luz constante. Os que cintilam se movem em conjunto, girando durante a noite em torno de um ponto fixo. Esse ponto não fica diretamente sobre a cabeça, a menos que você esteja no polo norte ou no polo sul. Talvez você observe que os pontos de luz mais próximos do horizonte nascem e se põem no decorrer da noite e somem durante alguns meses do ano, ressurgindo, previsivelmente, no ano seguinte.

Talvez você note que apenas alguns desses pontos de luz se deslocam numa trajetória própria em relação à maioria. A maioria deles cintila e se mantém em posições fixas entre si; são as estrelas, originalmente chamadas de "estrelas fixas". Os pontinhos que se movem de forma independente e têm brilho constante são os planetas. Muito tempo atrás, eles eram chamados de "estrelas móveis", porque parecem se deslocar entre as estrelas fixas; na verdade, a palavra "planeta" vem do grego planetes, que significa "errante". Como observador da Idade da Pedra, você notaria que eles diferem das estrelas fixas cintilantes, mas não seria capaz de dizer que são corpos fundamentalmente diversos.

De vez em quando, talvez você visse uma luz forte que passa rapidamente pelo céu e some: uma estrela cadente ou meteoro. E às vezes talvez notasse, se no passado tivesse observado com atenção, uma nova estrela que se desloca pelo céu lentamente, noite após noite, antes de finalmente sumir. Com sua "cauda" de luz

Esta fotografia em time lapse mostra que, no decorrer da noite, as estrelas giram em torno de um polo celeste.

ESPAÇO E TEMPO

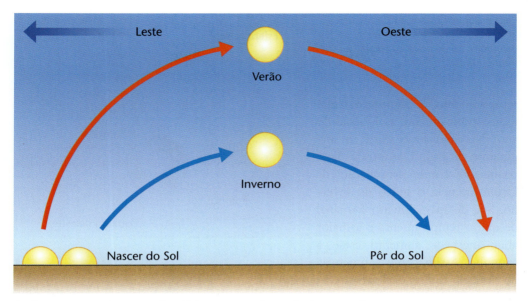

A não ser no equador, no verão o Sol se eleva mais no céu do que no inverno.

fraca atrás (na verdade, às vezes na frente), é um cometa; mas sua ocorrência é rara.

Durante o dia, o céu é dominado por um único corpo. Você veria o Sol nascer e seguir um caminho previsível pelo céu antes de se pôr no ponto oposto ao nascente. A menos que estivesse no equador, você notaria que o dia é mais longo no verão do que no inverno e que o Sol sobe mais alto no céu no verão.

Espaço e tempo

O observador da Idade da Pedra não demoraria a notar que o surgimento e o de-

MUDANÇAS DO CÉU

Pensamos no céu noturno como praticamente o mesmo toda noite, mas o observador de estrelas do Paleolítico não veria as mesmas estrelas que nós. A estrela polar não seria Polaris; em vez dela, Vega, a estrela mais brilhante, estaria mais próxima do polo celeste (ver a página 12). No entanto, como a estrela polar muda num ciclo de cerca de 26.000 anos (ver o quadro da página 18), alguns observadores paleolíticos viram Polaris como a estrela polar. Algumas constelações que hoje só se veem no hemisfério sul seriam visíveis no norte durante alguns meses do ano, e vice-versa. E, como todas as estrelas se movem constantemente, algumas estariam em lugares um pouquinho diferentes em relação umas às outras. É o chamado "movimento próprio" das estrelas (ver a página 180), e resulta do movimento de cada estrela em sua própria trajetória independente de todas, menos as mais próximas dela no espaço. Mas, como essas mudanças acontecem no decorrer de milhares de anos, muita coisa pareceria igual aos observadores na Terra, como acontece hoje.

OS PRIMEIROS ASTRÔNOMOS

Para encontrar os polos celestes, trace uma linha imaginária pela Terra, do polo norte ao polo sul, e estenda-a para o espaço.

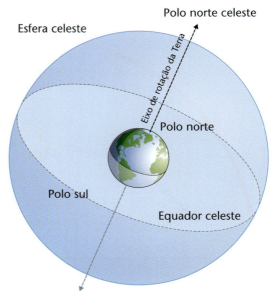

saparecimento de algumas estrelas fixas combinam com as estações do ano. No hemisfério norte, o surgimento do grupo de estrelas hoje conhecido como constelação de Órion anuncia o início do inverno. Seu desaparecimento é o sinal de que o tempo quente e a maior abundância de alimento estão a caminho. Assim como a trajetória do Sol pelo céu no decorrer do dia pode ser usada para medir o tempo, as fases da Lua servem para acompanhar um período mais longo: o mês lunar. As posições do nascer e do pôr do Sol e de algumas estrelas fixas podem ser usadas para acompanhar o decorrer do ano. Quase com certeza, o primeiro uso humano da observação astronômica foi medir o tempo.

Nossos ancestrais mais antigos acompanhavam o movimento do Sol, da Lua, dos planetas e das estrelas e aprenderam a prevê-los e interpretá-los, usando seu conhecimento para plantar na época certa e prever eventos como enchentes ou chuvas anuais. Mas provavelmente eles também dotavam de significado sobrenatural os corpos celestes que observavam.

Dia a dia

Os "calendários" mais antigos são imensos sítios arqueológicos que alinhavam postes ou megalitos (pedras gigantescas) com o nascer do Sol ou da Lua em datas importantes, como o solstício de verão ou de inverno. Desses sítios, o mais antigo já descoberto é Warren Field, perto do castelo de Crathes, em Aberdeenshire, na Escócia, encontrado em 2004. Ele contém doze buracos arrumados em arco. Pelo

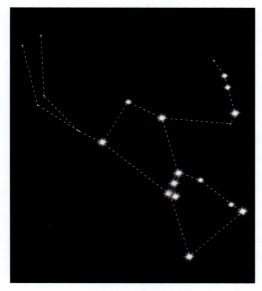

A constelação de Órion é visível no inverno do hemisfério norte e no inverno do hemisfério sul.

ESPAÇO E TEMPO

> **BEBÊS DE ÓRION**
>
> Acredita-se que um pedaço de marfim de mamute, descoberto num complexo de cavernas desmoronado em Geißenklösterle, na Alemanha, seja a mais antiga representação de um asterismo — um padrão de estrelas. Com apenas 14 cm de comprimento, a gravação tem 32.000 a 35.000 anos. Um dos lados mostra uma figura humana ou semi-humana, que seria Órion. O outro lado mostra uma série de furos e sulcos. Já se sugeriu que o padrão servia de calendário, usado para marcar a concepção de um bebê. Se a concepção coincidisse com a chegada de Órion no céu acima da Alemanha paleolítica, o bebê nasceria numa época em que mãe e filho se beneficiariam dos alimentos e do calor do verão durante três meses antes que o inverno voltasse a se instalar.

menos um desses buracos conteve um poste em algum momento. Parece provável que o monumento tenha cumprido alguma função de calendário. Os arqueólogos propõem que os buracos eram usados para acompanhar o ciclo da Lua e manter o registro dos meses lunares. Um dos buracos (o número 6) também se alinha com a posição do nascer do Sol no solstício de inverno de dez mil anos atrás.

Uma sugestão é de que os buracos de Warren Field tenham sido usados para marcar os períodos lunares no decorrer do ano. Os sacerdotes-astrônomos marcavam cada mês lunar ao passar, talvez jogando uma pedra no buraco ou movendo o poste para o buraco seguinte. Chegar ao

As fases da Lua num mês lunar completo.

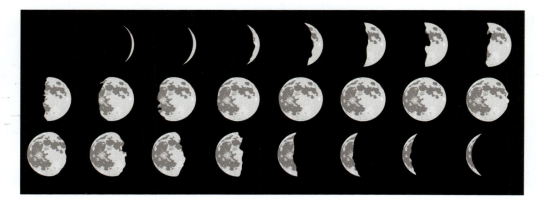

OS PRIMEIROS ASTRÔNOMOS

> **CALENDÁRIOS LUNARES E SOLARES**
>
> Em termos astronômicos, o tempo se divide naturalmente pela órbita da Terra em torno do Sol (um ano), pela rotação da Terra (um dia) e pelas fases da Lua. O mês lunar (um ciclo completo de uma lua nova ou cheia à seguinte) tem aproximadamente 29 dias e meio. O ano tem 365¼ dias. O inconveniente é que o ano tem 12,37 meses lunares. Nas primeiras sociedades, o mês lunar era um período útil, fácil de contar e observar, bastando olhar o céu noturno. Mas se os doze meses lunares fossem usados como base do ano, o calendário logo perderia a sincronia. Teria um mês a menos em apenas três anos e seis meses em dezoito anos. Para evitar isso, de tantos em tantos anos era preciso acrescentar um mês a mais.
>
> As estruturas mais antigas construídas para servir de calendário, como Warren Field, parecem ter sido projetadas para ajudar a calibrar o ano solar com os meses lunares. Pode-se fazer isso escolhendo um dia — o solstício de inverno é o mais conveniente, por ter a noite mais longa — e observar a fase da Lua nesse dia. Quando a mesma fase voltar a ocorrer no solstício, está na hora de acrescentar um mês intercalado para manter a sincronia dos calendários lunar e solar. Portanto, digamos, se começarmos um calendário com o solstício de inverno começando numa lua cheia do ano 0, um ano completo depois — 12,37 meses lunares — o solstício de inverno ocorrerá a um terço (exatamente 0,37) do caminho do 13° ciclo lunar. No ano seguinte (ano 2), ficará a 0,74 do caminho do 13° ciclo lunar. No próximo ano (ano 3), voltará a ser na lua cheia, mas terão se passado um total de 37 ciclos lunares. Se você chamasse os meses de janeiro a dezembro, chegaria ao fim do quarto janeiro quando o terceiro ano se passasse. Para não começar o ano novo com fevereiro, seria preciso acrescentar um mês a mais ao ano que mal acabou.

último buraco significava o fim do ano, e eles recomeçavam no primeiro buraco. O solstício de inverno podia ser usado para recalibrar. Toda vez que o solstício de inverno caísse numa lua cheia, digamos, eles acrescentariam mais um mês ao fim do ano. Isso aconteceria de três em três anos (veja o quadro acima). O fato de o solstício de inverno ser marcado pelo buraco do meio sugere que ele acontecia no meio do ano para o povo que o usava, ou seja, seu ano começava no fim de junho (no solstício de verão).

O sítio parece ter sido modificado, talvez para se adaptar à mudança das posições astronômicas num período de seis mil anos. As modificações indicam que foi usado continuamente durante esse tempo.

Até onde sabemos, Warren Field foi uma estrutura sem igual; é cinco mil anos mais antiga do que todos os outros monumentos astronômicos conhecidos. Mas pode ser que os outros simplesmente ainda não tenham sido encontrados. Afinal de contas, Warren Field só foi descoberto em 2004, e seu significado permaneceu obscuro até 2013.

A segunda estrutura de calendário mais antiga é o círculo de Goseck, na Alemanha, construído há cerca de 4.900 anos —

SOLSTÍCIOS E EQUINÓCIOS

Para quem está na Terra fitando o espaço, o Sol parece girar em torno da Terra contra um pano de fundo de estrelas. Os astrônomos chamam o caminho que o Sol segue no decorrer de um ano de "eclíptica". Se projetarmos no céu o equador da Terra e o chamarmos de equador celeste, o Sol parecerá ficar acima do equador celeste durante metade do ano e abaixo dele na outra metade. Há uma diferença entre o equador celeste e a eclíptica porque o eixo da

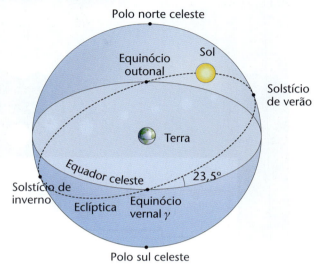

Terra é inclinado. Essa inclinação é de 23,5° e nos dá as estações do ano, com dias de comprimento diferente.

Nas primeiras sociedades, os dias importantes do ano natural (solar) eram os solstícios de verão e inverno e os equinócios de primavera (vernal) e outono (outonal). Os solstícios acontecem em dezembro e junho, quando o Sol está no ponto mais distante do equador celeste. O dia e a noite mais longos ocorrem nos solstícios. Os equinócios caem em março e setembro, quando a eclíptica cruza o equador celeste. Dia e noite têm a mesma duração nesses dois pontos (a palavra equinócio significa "noites iguais").

OS PRIMEIROS ASTRÔNOMOS

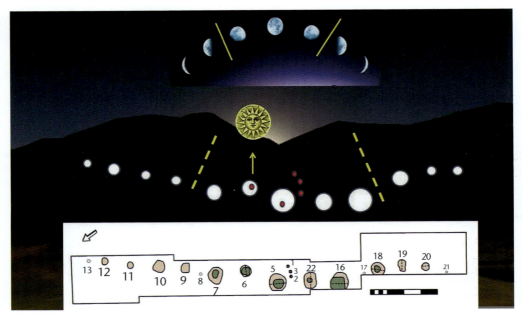

Disposição dos buracos de Warren Field. Por volta de 8000 a.C., o nascer do Sol no solstício de inverno seria no vale entre as duas colinas centrais.

ou seja, com metade da idade de Warren Field. Há muitos outros sítios com estruturas circulares e elípticas na Europa central, na Polônia, na Alemanha, na Áustria, na Eslováquia, na Hungria e na República Tcheca. Todos foram construídos num período de uns duzentos anos há cerca de cinco mil anos. Como a maioria dos outros sítios mais recentes, Goseck permite determinar o solstício de inverno pelo alinhamento do nascer e do pôr do Sol. O sítio continha quatro cír-

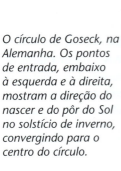

O círculo de Goseck, na Alemanha. Os pontos de entrada, embaixo à esquerda e à direita, mostram a direção do nascer e do pôr do Sol no solstício de inverno, convergindo para o centro do círculo.

ESPAÇO E TEMPO

PAUS E PEDRAS: STONEHENGE

Stonehenge é um grande círculo de pedras em Wiltshire, na Inglaterra, com uma série de pedras em pé que, originalmente, sustentavam pedras horizontais (lintéis). Alguns lintéis ainda estão no lugar. Os monolitos e lintéis são feitos de pedras azuis e arenito, este último extraído no local, mas as primeiras vindas de colinas no País de Gales e transportadas por 250 km, por terra e/ou água, até o local. A pedra maior, chamada Heel Stone ("pedra do calcanhar"), pesa trinta toneladas. Também há um altar de pedra de arenito vermelho. É o círculo de pedra mais sofisticado do mundo.

O primeiro monumento de Stonehenge era um círculo de terra fechado — uma vala que continha um anel de 56 postes de madeira ou pedra. Foi construído por volta de 3000 a.C. Era usado como cemitério; realizaram-se cremações ali durante vários séculos. O monumento de pedra foi construído por volta de 2500 a.C. Stonehenge faz parte de um complexo de sítios usados continuamente durante cerca de dois mil anos.

culos concêntricos: uma elevação central, uma vala em torno e duas paliçadas de madeira. Os portões das paliçadas davam para sudeste, sudoeste e norte. No solstício de inverno, o sol nascente se alinhava com o portão de sudeste, e o poente com o portão de sudoeste.

Alinhamentos redescobertos

Os astrônomos pré-históricos não deixaram o manual de seus monumentos astronômicos; o uso teve de ser redescoberto por arqueólogos com conhecimento de astronomia (arqueoastrônomos).

A ideia de que monumentos antigos podem estar alinhados a marcos astronômicos (ou marcos celestes) surgiu em 1909, quando o famoso astrônomo britânico Norman Lockyer (1836-1920) propôs que Stonehenge fora construído como um antigo observatório. Lockyer, famoso por descobrir o hélio (ver a página 120) e fundar a

OS PRIMEIROS ASTRÔNOMOS

Norman Lockyer foi o primeiro astrônomo a explorar a arqueoastronomia e encontrar significado astronômico em antigos sítios arqueológicos.

> **PRECESSÃO**
>
> A precessão axial, também chamada de precessão dos equinócios, é o movimento gradual do eixo da Terra que resulta na lenta mudança da posição aparente das estrelas.
>
> O eixo da Terra é inclinado, característica que produz as estações do ano enquanto a Terra orbita o Sol. Com o tempo, o eixo se move numa trajetória circular (ver a figura abaixo). Com o movimento do eixo, a posição aparente das estrelas muda lentamente, pois as olhamos de um ângulo um pouquinho diferente. A posição dos polos celestes também muda. Atualmente, Polaris é a estrela polar do hemisfério norte, e ficará na melhor posição possível por volta do ano 2100. Aí pelo ano 3000, Gamma Cephei ocupará esse papel. Polaris voltará a ele por volta do ano 27800.

revista Nature, notou, quando tirou férias na Grécia, que alguns templos antigos pareciam ter sido reconstruídos. A inspeção meticulosa revelou que também tinham sido levemente realinhados. Reconstruir templos antigos é muito trabalhoso, ainda mais numa cultura pré-industrial, e não seria feito à toa. Lockyer concluiu que a razão deveria ser alinhá-los com o Sol, as estrelas ou os planetas, fazendo a correção de acordo com a mudança da aparência do céu no decorrer dos séculos (ver o quadro acima). Ele voltou sua atenção para o Egito e lá também encontrou edificações alinhadas com marcos celestes. Finalmente, ele examinou Stonehenge e viu que estava alinhado de modo a ficar de frente para o nascer do Sol no solstício de verão. Embora hoje muitas conjecturas de Lockyer tenham sido rejeitadas (de que Stonehenge foi construído por imigrantes do Extremo Oriente, por exemplo), seu alinhamento não é con-

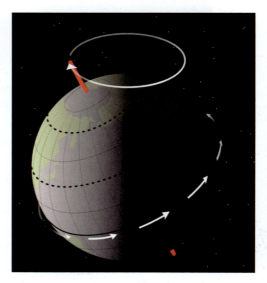

A Terra gira em seu eixo (de polo a polo) uma vez por dia; o eixo propriamente dito gira lentamente, e leva cerca de 26.000 anos para completar uma revolução.

ESPAÇO E TEMPO

No complexo de templos de Mnajdra, em Malta (3600-3200 a.C.), a luz do Sol passa pelo portal nos equinócios, iluminando a passagem axial e o altar; nos solstícios, ela cai sobre a borda dos megalitos à direita e à esquerda do portal e ilumina pedras correspondentes lá dentro.

testado e a possibilidade de que tenha sido usado como um tipo de observatório ainda é válida.

O disco celeste de Nebra

Um círculo muito menor contém a mais antiga representação conhecida do cosmo e foi encontrado perto do círculo de Goseck. Ele vem da fronteira entre as eras pré-histórica e a histórica da Europa. O disco celeste de Nebra é de bronze, mede 30 cm de diâmetro e data de cerca de 1600 a.C. Mostra o Sol ou a Lua cheia, uma Lua crescente e uma coletânea de estrelas que representa as Plêiades como seriam 3.600 anos atrás. O crescente não é

CIDADES E ESTRELAS

Não só monumentos específicos se alinham com os fenômenos celestes. Em 2016, William Gadoury, um garoto canadense de 15 anos, uniu o interesse por astronomia e cultura maia e fez uma descoberta espantosa: as ruínas de uma imensa cidade maia escondidas na selva.

Os maias ocuparam uma área que vai do sudeste do México a Honduras e El Salvador, e construíram cidades desde cerca de 750 a.C. Gadoury notou que, se projetasse 22 constelações maias num mapa, suas estrelas corresponderiam exatamente ao local de 117 povoados maias — correspondência que até então ninguém notara. Ele passou para a 23ª constelação e descobriu que uma das três estrelas não tinha uma cidade correspondente. Convencido de que ela teria de existir, ele calculou onde ficaria e entrou em contato com a agência espacial canadense para pedir ajuda. Com o uso de imagens de satélite da NASA e da JAXA, as agências espaciais americana e japonesa, encontraram-se os contornos dos prédios enterrados na floresta tropical.

OS PRIMEIROS ASTRÔNOMOS

O disco solar de Nebra é a ferramenta astronômica portátil mais antiga que se conhece.

uma lua nova, mas uma lua com quatro ou cinco dias. As características astronômicas são em folha de ouro, e a cor esverdeada do fundo foi obtida aplicando-se ovo podre ao bronze. É um artefato sofisticado a cuja feitura alguém dedicou tempo e atenção. O disco foi desenterrado por saqueadores arqueológicos e transitou durante vários anos pelo mercado negro alemão de antiguidades até ser confiscado numa ação da polícia em 2002.

A princípio obscuro, o uso do disco foi explicado em 2006 por uma equipe de pesquisadores alemães encabeçada por Harald Meller. Ele examinou textos astrológicos babilônicos escritos cerca de mil anos depois da feitura do disco. Eles explicam quando acrescentar um mês intercalado verificando a posição da lua de quatro dias contra as Plêiades, exatamente como mostra o disco.

Da pré-história à história

Podemos deduzir o uso desses sítios antigos do mundo, mas não com que objetivo eram utilizadas as informações. Podemos supor que fosse culto, adivinhação, contagem do tempo, elaboração de calendários com fins sociais ou agrícolas e feitiçaria (ou uma combinação disso tudo), mas o modo como a informação era usada está perdido para nós. Talvez eles mostrassem quando plantar ou transferir os rebanhos, ou revelassem datas propícias para ritos de passagem pessoais ou quando seria preciso fazer orações ou sacrifícios.

Com o começo dos registros escritos — o início do período histórico —, começamos a ver o que nossos ancestrais sabiam sobre o céu e como usavam essa informação.

Os primeiros registros

Entre 3.200 e 3.500 a.C., os sumérios desenvolveram o primeiro sistema de escrita do mundo. Chamado de cuneiforme, era formado pressionando-se um estilo em forma de cunha numa plaquinha de argila. Muitos desses tabletes ou plaquinhas de argila sobreviveram, e seu estudo permite entender um pouco da astronomia babilônica.

O texto astronômico mais antigo é o tablete 63 de Enûma Arm Enlil, uma grande coleção de presságios relacionados a investigações astronômicas a partir do 2º

ESPAÇO E TEMPO

milênio a.C., quando os babilônios ocuparam a Mesopotâmia. O tablete 53 registra o primeiro e o último nascer do planeta Vênus num período de 21 anos e mostra que os babilônios tinham consciência da periodicidade dos movimentos planetá-

---

OUTRO CANDIDATO

Não se sabe a data exata de Enûma Anu Enlil, mas é possível que o registro astronômico mais antigo não seja representado pelos tabletes de argila babilônicos, mas por um "osso" de oráculo — um pedaço de casco de tartaruga esculpido — da China. Ele registra um eclipse do Sol ocorrido em 5 de junho de 1302 a.C., no meio do período em que Enûma Anu Enlil pode ter sido criado. Menciona "três chamas no Sol, e grandes estrelas foram vistas". O oráculo de ossos era usado para fazer perguntas aos deuses; assim, o registro pertence a um contexto de superstição e crença religiosa e não de interesse científico.

NASCIMENTO E OCASO DE PLANETAS

Como cada planeta tem uma órbita própria em torno do Sol ao mesmo tempo que a Terra, sua posição varia em relação a nós. Às vezes, um planeta é obscurecido pelo Sol; outras vezes, está diretamente entre a Terra e o Sol e, portanto, perdido no brilho solar. Entre essas duas posições, eles nascem (surgem acima do horizonte) no início da manhã (se acabaram de passar diante do Sol) ou se põem à noite (se acabaram de passar por trás do Sol).

Quando se vê o planeta nascer, seu ocaso não é visto, porque ele some no céu diurno; quando o ocaso do planeta é visível, o planeta nasceu durante o dia, quando está invisível. A hora em que o planeta nasce ou se põe vai se afastando do nascer e do pôr do Sol até que ele volte a desaparecer.

Os planetas e a Lua seguem o caminho aproximado do Sol ao longo da eclíptica (ver a página 15). Assim como o nascer e o pôr do Sol acontecem em pontos diferentes do horizonte, o mesmo acontece com o ponto do nascimento e do ocaso de cada planeta. O intervalo entre o começo e o fim de um ciclo planetário (seu retorno ao mesmo ponto) se chama período sinódico. Para Mercúrio, é de 116 dias; para Vênus, de 584 dias. Esse período não se iguala à extensão da órbita do planeta, que se chama período sideral.

---

rios. Provavelmente, o texto foi compilado no período cassita (1595-1157 a.C.), mas se baseia numa versão ou protótipo anterior. Ele inclui os nomes dados às estrelas pelos sumérios, que ocuparam a região antes dos babilônios.

O texto babilônico mais famoso e importante é conhecido como MUL.APIN, seus logogramas iniciais, que significam "Estrela do Arado". (Por convenção, os logogramas sumérios são mostrados em maiúsculas, separados por pontos.) Preservado em tabletes feitos em 686 a.C., embora provavelmente compilado por volta de 1000 a.C., é uma expansão aprimorada dos catálogos anteriores "Três estrelas cada" (ver a página 154), que apenas listam as estrelas, e se baseia claramente em observações melhores. Pelos tabletes, percebe-se que os astrônomos babilônicos tinham uma teoria do movimento plane-

21

OS PRIMEIROS ASTRÔNOMOS

Este tablete de argila babilônico do século VII a.C. registra as datas do nascimento e do ocaso do planeta Vênus num período do segundo milênio a.C.

tário, embora não tenhamos informações suficientes para remontá-la com detalhes.

Sacerdotes e astrônomos

O que fica claro na apresentação das informações sobre Vênus no contexto dos presságios é que os babilônios usavam a astronomia com fins astrológicos. Os responsáveis por compilar e usar os tabletes eram sacerdotes. Houve um aumento da atividade astronômica no reinado de Nabonassar ou Nabû-nāṣir (747-734 a.C.), com o registro de eventos de mau agouro e do ciclo de dezoito anos de eclipses lunares. Embora os fenômenos fossem registrados e previstos com propósitos astrológicos, o detalhamento e a exatidão com que eram observados levaram o astrônomo greco-egípcio Ptolomeu, oitocentos anos depois, a considerar este o

---

GEOMETRIA OU ARITMÉTICA?

O método aritmético de calcular a posição dos corpos celestes funciona com a coleta de muitos dados de observação para identificar padrões ou médias e extrapolá-los para o futuro e fazer previsões. Por exemplo, se um cometa foi observado a intervalos de cinquenta anos, é possível fazer a previsão aritmética de que ele aparecerá daqui a cinquenta anos sem saber nada sobre a natureza de sua órbita.

O método geométrico exige que o astrônomo tenha uma teoria sobre as relações espaciais entre os corpos celestes. A previsão deriva de cálculos geométricos baseados nessas relações. Por exemplo, hoje conhecemos o período orbital dos planetas e sua relação com a Terra e podemos calcular sua posição em relação à Terra em datas futuras.

ASTRONOMIA E ASTROLOGIA

período em que a astronomia começou, com os primeiros dados aproveitáveis. Os tabletes babilônicos posteriores (de 350 a 50 a.C.) mostram que às vezes os astrônomos usavam métodos geométricos para calcular a posição de Júpiter, mas a maioria dos cálculos e todos os mais antigos eram aritméticos, baseados na extrapolação de observações anteriores (ver o quadro na página ao lado).

Disseminação

O conhecimento astronômico acumulado pelos babilônios foi a base da astronomia indiana, grega e, talvez, da chinesa, esta última por meio da Índia.

Embora se saiba que a civilização do vale do Indo usava a astronomia para fazer calendários no 3º milênio a.C., esse povo não tinha escrita, e não conhecemos a extensão de seu conhecimento astronômico. O texto astronômico indiano mais antigo que nos chegou é o Vedanga Jyotisha. Ele ensina a acompanhar os movimentos do Sol de da Lua, o que era importante para organizar rituais. O texto sobrevive numa cópia do século I ou II a.C., mas pode ter sido redigido por volta de 700 a.C. ou mais tarde. Sua origem é muito mais antiga; ele descreve o solstício de inverno de uma data que, provavelmente, fica entre 1150 a.C. e 1400 a.C. O Vedanga Jyotisha lembra uma obra babilônica e indica que os astrônomos indianos conheciam textos ou métodos babilônicos, na época da redação original ou quando o texto foi revisto mais tarde.

Por um fio

Sempre foi difícil chegar à China a partir do oeste, com a barreira geológica natural dos Himalaias e do deserto de Gobi. Além disso, a política isolacionista separou a China de outros centros de desenvolvimento da civilização. Em consequência, a astronomia chinesa se desenvolveu de forma bem independente. Não se sabe de nenhuma influência externa antes da época dos Três Reinos (220 a 265 d.C.), quando obras astronômicas indianas chegaram traduzidas à China junto com o budismo.

Os chineses desenvolveram descrições próprias das estrelas e constelações, com nomes duradouros preservados em oráculos de ossos desde meados da dinastia Shang (c. 1600-c. 1046 a.C.). Em 2005, o mais antigo observatório conhecido da China, uma plataforma esculpida com 60 m de diâmetro, foi desenterrada na província de Shanxi. Era usada para localizar o nascer e o pôr do Sol nas diversas épocas do ano e data do período Longshan (2300-1900 a.C.). Os eclipses foram registrados na China a partir de 750 a.C., fornecendo dados valiosíssimos para astrônomos posteriores. As observações astronômicas detalhadas começaram na China no período dos Reinos Combatentes (em geral, citado como 475 a 221 a.C.), provavelmente por volta de 200 a.C.

Astronomia e astrologia

No início do período histórico, os dois principais usos práticos da astronomia eram a contagem do tempo/feitura de calendários e a localização/navegação. Mas a astronomia também estava no centro das crenças religiosas e supersticiosas. Na verdade, muitas vezes a feitura de calendários e a localização também serviam a esses fins.

Hoje, os cientistas traçam uma distinção bem nítida entre astronomia e astrologia. A astronomia é uma ciência que estuda

OS PRIMEIROS ASTRÔNOMOS

o movimento, a natureza e a história de corpos como planetas, estrelas, cometas e asteroides. A astrologia é uma superstição, um meio de (supostamente) prever eventos, interpretar o humor dos deuses e estabelecer correspondências entre eventos no céu e eventos na Terra e nas vidas humanas.

É fácil ver de que modo surgiu a ideia de um vínculo entre ocorrências terrenas e celestes. Uma cultura observa que, quando uma determinada constelação sobe acima do horizonte, o tempo muda e, talvez, as sementes brotam. Enquanto hoje explicamos tanto a mudança de estação quanto o surgimento da constelação em termos do avanço da Terra em sua órbita em torno do Sol, o observador ingênuo poderia facilmente pensar que o surgimento da constelação era responsável pelo brotamento das sementes. Daí para o culto à constelação ou aos apelos para que ela intervenha caso as sementes não brotem é um pequeno passo.

Os eventos mais potentes em termos astrológicos eram aqueles que não podiam ser previstos tão facilmente quanto o surgimento de uma constelação ou a posição de um planeta. Considerava-se que o surgimento de um cometa, uma estrela cadente ou um eclipse assinalavam eventos extraordinários que já tivessem acontecido ou estivessem prestes a acontecer. Eles podiam anunciar um grande evento a ser comemorado ou uma catástrofe a ser temida.

O mundo e as estrelas

O mais antigo sistema astrológico conhecido foi o babilônico, desenvolvido por volta de 1800 a.C. Pode ter se baseado num sistema sumério mais antigo, mas há indícios insuficientes para termos certeza. A astrologia babilônica era do tipo hoje chamado de "mundana": tratava do destino de nações, cidades, Estados e líderes culturais, não de indivíduos. Em geral, a astrologia moderna é mais associada ao aspecto pessoal, com horóscopos individuais e análises da personalidade. O texto dos 70 tabletes de Enûma Anu Enlil registra 7.000 presságios celestes.

A astrologia babilônica ligava os deuses aos planetas e a algumas estrelas fixas e interpretava as consequências previstas ou observadas do comportamento de um planeta como indicação do estado de espírito do deus correspondente. No entanto, não ligava isso diretamente a ações humanas anteriores. Os seres humanos podiam tentar influenciar ou apaziguar um deus/planeta em caso de maus presságios, mas não se supunha que o evento pressagiado fosse uma punição aos seres humanos. A natureza dos presságios celestiais costumava se basear em eventos anteriores. Portanto, se, num dia de chuva torrencial, a Lua nova fosse seguida por um evento bom — uma colheita abundante, talvez —, esse pareamento de Lua nova e chuva seria considerado auspicioso na próxima vez que ocorresse.

Embora a astrologia rudimentar começasse cedo na Babilônia, só depois que Nabonassar se tornou rei em 747 a.C. ela floresceu e se sofisticou mais. Antes disso, o conhecimento astronômico era escasso e havia pouco com que trabalhar. Os astrônomos não se dedicavam a prever o movimento dos planetas, e a incapacidade de prever comportamentos normais torna dificílimo perceber os anormais.

Padrões e zodíaco

Até mesmo os primeiros astrólogos já representavam grupos de estrelas que, segundo eles, andavam juntas. As pinturas nas cavernas de Lascaux, na França, feitas 17.300 anos atrás, parecem mostrar os aglomerados estelares das Plêiades e das Híades. Ver imagens nas combinações de estrelas, um tipo de ligue-os-pontos celeste, também antecede a história escrita.

Os astrônomos egípcios e babilônicos descreviam imagens nos padrões formados pelas estrelas, e alguns de seus asterismos nos chegaram por meio da astronomia grega e romana. Hoje, os astrônomos distinguem asterismos (imagens feitas a partir dos padrões de estrelas) de constelações (áreas do céu noturno), mas no uso popular a palavra "constelação" é usada para ambos.

Alguns asterismos zodiacais em uso hoje sobrevivem desde a época babilônica: Touro, Leão, Escorpião, Sagitário, Capricórnio, Aquário e, talvez, Virgem e Áries parecem estar representados em pedras da Mesopotâmia datadas do século XIV a.C.

Os babilônios foram os primeiros a dividir o círculo em 360 graus e a originar o zodíaco dividindo o círculo da eclíptica em doze "casas", cada uma com trinta graus de arco e um asterismo, embora provavelmente este último tenha sido aperfeiçoado no século VI a.C., depois do fim do império babilônico. Ir desse arranjo do céu a ver alguma relação especial entre o Sol e a constelação que estivesse atrás dele foi um passo pequeno, e a astrologia rapidamente o aproveitou.

O zodíaco babilônico foi adotado com modificações pelos antigos gregos por meio do trabalho de Eudóxio de Cnido, no século IV a.C. Sua versão atual foi imaginada pelo astrônomo greco-egípcio Cláudio Ptolomeu, no século II d.C. A primeira representação do zodíaco circular data de cerca de 50 a.C.: o zodíaco de Dendera, imagem encontrada (e saqueada) num templo egípcio pelas expedições de Napoleão no Egito no início do século XIX.

A divisão do céu em doze casas do zodíaco deu aos primeiros astrônomos uma forma relativamente fácil de ver como os planetas se moviam contra o pano de fundo das estrelas. A crença de que a posição e o alinhamento dos planetas influenciavam os eventos na Terra era generalizada, mas a dificuldade de descobrir exatamente qual seria o impacto dos movimentos planetários significava que essa atividade continuava

Um esboço do zodíaco de Dendera gravado no teto do Templo de Hátor, em Dendera.

OS PRIMEIROS ASTRÔNOMOS

O sítio mesoamericano de Zempoala, perto de Veracruz, no México, tem três círculos misteriosos feitos de pilares de pedra. Os círculos têm 40, 28 e 13 pilares. É possível que fossem usados para acompanhar os ciclos de eclipses mil anos atrás.

sob o domínio de sacerdotes-astrônomos especializados.

O céu fora de prumo

Os confiáveis corpos celestes dão uma sensação de segurança e previsibilidade. Imagine, então, como seria aterrorizante ou desconcertante ver o céu se desorganizar: o surgimento de uma nova estrela, o Sol eclipsado pela Lua, uma estrela cujo brilho aumentava muito e depois sumia para nunca mais voltar.

Desde tempos imemoriais, as pessoas temeram eventos celestes incomuns. Para perceber no céu algo incomum ou inconveniente que pudesse ser um arauto do destino era preciso ter uma boa compreensão da situação normal. Só quando a observação astronômica atingiu determinado nível de proficiência os astrônomos e sacerdotes puderam identificar o que realmente era extraordinário. Foi preciso ainda mais conhecimento e experiência para prever o incomum, e alguns eventos nunca puderam ser previstos.

MOVER-SE PELO ZODÍACO

Para entender como funcionam as casas dos signos do zodíaco, imagine-se sentado num carrossel de parque de diversões olhando para fora. Você verá outros brinquedos, o estacionamento, a rua; enquanto o carrossel gira, você os verá um depois do outro, várias e várias vezes. Agora aumente isso para o sistema solar, com a Terra em seu lugar no carrossel e as estrelas formando o cenário. Conforme a Terra gira em torno do Sol, uma área diferente do fundo estrelado fica visível. Se dividirmos o círculo total da órbita da Terra em doze setores, podemos escolher um padrão de estrelas para cada setor. Os padrões escolhidos são os signos do zodíaco.

ASTRONOMIA E ASTROLOGIA

Observar o céu atrás de sinais de problemas que surgiriam na Terra era importantíssimo para os imperadores chineses. Os dados coletados e cuidadosamente reunidos com as sofisticadas e meticulosas observações chinesas tinham principalmente uso astrológico. Os imperadores reinavam em virtude do "Mandato do Céu". O princípio básico era que o Céu concedia a um único imperador o direito de reinar, que dependia de sua virtude pessoal, e o mandato só continuaria enquanto ele reinasse bem. Nenhuma família tinha direito ao domínio perpétuo. Quaisquer sinais de que o imperador não ia bem e perdera o Mandato do Céu fariam com que pudesse ser derrubado. As mudanças de dinastia que marcam os períodos da história chinesa são os pontos em que uma família imperial perdeu o Mandato do Céu. Com frequência, essas crises eram assinaladas por desastres como terremotos, levantes camponeses e fome. (É claro que era comum esses desastres andarem juntos; uma catástrofe natural provoca fome, e os camponeses famintos se revoltam.) Como a desordem do céu espelhava ou pressagiava desordem na Terra, em teoria a vigilância atenta dos eventos celestes daria ao imperador um aviso de que nem tudo ia bem.

Assim, os imperadores mantinham um séquito de astrônomos, astrólogos e me-

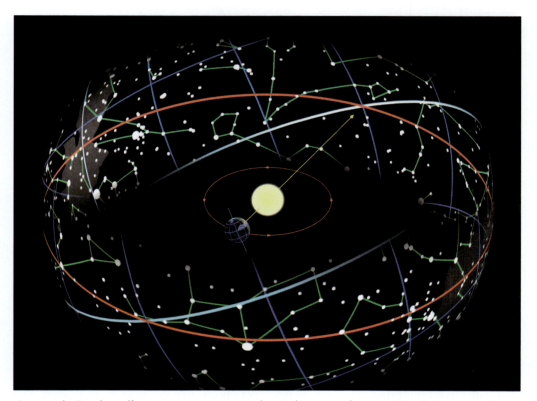

As constelações do zodíaco representam grupos de estrelas que podem ser vistos da Terra quando se olha a linha da eclíptica, ou seja, para longe do Sol, na direção do espaço profundo no plano da órbita da Terra.

OS PRIMEIROS ASTRÔNOMOS

O oráculo de ossos, neste caso um fragmento de casco de tartaruga, era usado para interrogar os deuses. A pergunta era inscrita no osso; depois, o osso era aquecido e o padrão de rachaduras, interpretado para dar a resposta. Às vezes, há eventos astronômicos registrados no oráculo de ossos.

teorologistas, cujo serviço era observar e interpretar a atividade do céu. Cinco astrônomos observavam o céu numa plataforma, como a da província de Shanxi (ver a página 23), cada um olhando um ponto cardeal e o quinto olhando diretamente para cima. Pela manhã, eles relatavam qualquer coisa incomum ao Astrônomo Real, que interpretaria seu significado e contaria ao imperador. Um evento adequadamente incomum seria a passagem de um cometa (chamado de "estrela-vassoura" ou "estrela-pavão de cauda comprida" pelos astrônomos chineses) ou a ocorrência de um eclipse lunar. A interpretação assumia a forma dos eventos correspondentes que o imperador poderia esperar na Terra. Era um trabalho importante; numerosos astrônomos foram executados porque não conseguiram prever os eventos ou os interpretaram de forma incorreta. Em consequência, os eventos celestes incomuns eram registrados com muito cuidado. Na época, isso era necessário porque eles eram ferramentas importantes de prognóstico, mas foi uma dádiva para os astrônomos posteriores, que hoje se beneficiam de registros meticulosos durante mais de dois mil anos e registros parciais de quatro mil anos.

Embora os chineses apreciassem a tentativa de ler a mente dos deuses, nem sempre a astrologia foi considerada aceitável. Nos primeiros dias do islamismo, a astrologia foi condenada por ser contrária ao ensinamento de que Deus controla as vidas humanas e o universo, e portanto é blasfêmia ou sacrilégio supor que os planetas tenham algum efeito sobre os homens. Por outro lado, o movimento dos planetas também seria controlado por Deus. Mas isso também podia ser um problema. Ibn

O ATLAS DE SEDA DOS COMETAS

Um desenho datado de cerca de 185 a.C., descoberto na província de Hunan, na China, em 1973, mostra vários estilos de cometa, desenhados cuidadosamente para distinguir as diversas configurações de cabeça e cauda. O manuscrito ilustra 29 cometas observados num período de trezentos anos. Ao lado de cada um há uma descrição de eventos terrenos (geralmente, catástrofes) associados ao cometa, como a morte de um príncipe ou um período de seca. O Atlas de Seda é o catálogo de cometas mais antigo que nos chegou.

Há muito tempo os cometas são considerados arautos de desastres ou infortúnios. Sua imprevisibilidade facilita vê-los como sinais dos deuses.

OS PRIMEIROS ASTRÔNOMOS

Sina (c. 980-1037) argumentou, no Ensaio sobre a refutação da astrologia, que os planetas têm, sim, um impacto sobre os eventos terrenos e, como tal, manifestam o grande poder de Deus, mas que nos era impossível entender com antecedência qual seria o impacto (e blasfêmia pensar que conseguiríamos). Ao mesmo tempo, outros aspectos da astrologia eram considerados parte respeitável das ciências naturais — qual seria a época propícia para uma sangria, por exemplo. A astrologia poderia oferecer diretrizes simples para comportamentos e atividades gerais, mas não sugerir que os detalhes da vida pudessem ser calculados com antecedência.

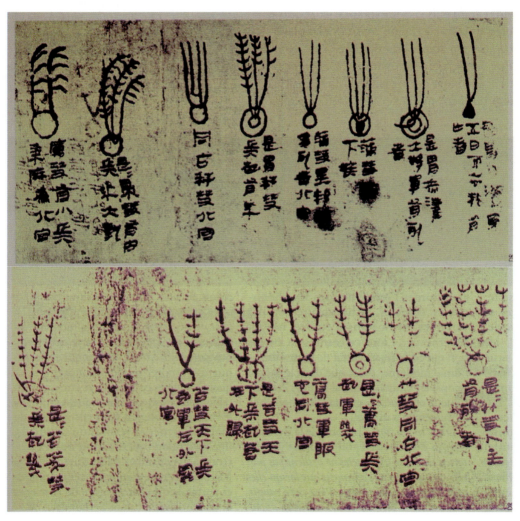

O Atlas de Seda dos Cometas, de cerca de 185 a.C., mostra com clareza os diversos tipos de cabeças e caudas vistos por astrônomos chineses que observaram cometas.

Contagem dos dias

Os antigos egípcios começavam o ano com o nascimento helíaco de Sírius (que eles chamavam de Sopdet). Essa é o primeiro e breve aparecimento da estrela acima do horizonte antes do nascer do Sol. A primeira menção desse sistema data de mais ou menos 3000 a.C. Os egípcios dividiam o ano em 365 dias e três estações: Inundação (quando o Nilo transbordava, renovando a fertilidade da terra), Crescimento e Colheita. Como não levavam em conta o quarto de dia a mais por ano, o calendário civil egípcio perdia um dia a cada quatro anos. O ano sótico (tempo que Sírius levava para nascer exatamente no mesmo lugar) tem 365,25 dias quase exatos, o mesmo que o ano solar. Em consequência, havia dois calendários em funcionamento — um baseado na contagem dos dias, outro na observação de Sírius — que, a curto prazo, pareciam praticamente iguais, mas que, num período mais longo, perdiam a sincronia. O ano calendárico voltava ao mesmo nascer helíaco de Sírius uma vez a cada 1.460 anos. Em 238 a.C., os governantes ptolomaicos do Egito declararam que cada quarto ano deveria ter um dia a mais (o nosso ano bissexto) para que o ano civil voltasse a se sincronizar com o calendário celeste.

Outras culturas desenvolveram calendários independentes, principalmente as civilizações da China e da Mesoamérica. A origem do calendário chinês pode ser rastreada até o século XIV a.C. Mas a lenda conta que foi inventado pelo imperador Huangdi e começava em 2637 a.C. Nessa época, os chineses já sabiam que o ano tem 365 dias e ¼ e que o mês lunar tem 29 dias e $1/12$. Os anos eram contados a partir da ascensão de um imperador (que sempre dava início a uma nova era). A nova era seria uma oportunidade de restabelecer a ligação entre céu e Terra. Aliás, se a situação saísse do controle — assinalada por um desastre natural ou pelo fracasso dos astrônomos em prever um evento celeste como um eclipse —, o imperador também podia declarar uma nova era e reiniciar a ligação, O tradicional calendário yin-yang li (literalmente,

A estrela Sírius representada pela estátua de uma deusa egípcia.

UMA ESTRELA ESTÁVEL

Sírius é incomum entre as estrelas fixas porque ela não precessa (ver a página 18). Isso fez de Sírius uma estrela muito adequada para os antigos egípcios usarem como base de seu calendário. Para que soubessem disso, os astrônomos egípcios devem ter observado Sírius durante um período considerável.

OS PRIMEIROS ASTRÔNOMOS

calendário "céu-terra") foi usado, às vezes ao lado de calendários importados como o indiano, até 1912, quando a China adotou oficialmente o calendário gregoriano ocidental.

Em geral, o desenvolvimento de calendários precisos se devia à necessidade de marcar cultos e festas religiosos, impulso que continuou com a formação de novas religiões. Tanto o cristianismo quanto o islamismo usaram a astronomia desse modo. Os astrônomos e engenheiros árabes eram zelosos na busca de métodos melhores de marcar o tempo para que as orações diárias pudessem ser feitas pelo devoto na hora certa. A contagem do tempo em escala maior era essencial para marcar as festas religiosas.

Lugar e navegação

Assim como as grandes fortificações de terra e os círculos de pedra da Europa neolítica se alinhavam com o nascer do Sol nos equinócios, as culturas posteriores alinharam construções mais ornamentadas a marcadores celestes.

Os maias não tinham ferramentas nem instrumentos astronômicos sofisticados, mas com observações atentas e detalhadas aprenderam muito sobre o movimento dos corpos celestes e conseguiram fazer previsões com uma precisão espantosa. Muitas edificações suas se alinhavam exatamente com os equinócios e o meio do verão, ou com o nascer mais ao norte e mais ao sul de Vênus. É provável que, em muitas culturas, o alinhamento astronômico de edificações e até de cidades inteiras servisse a algum propósito religioso ou supersticioso.

Determinar a localização por meios astronômicos também era um método usado por culturas letradas e, em alguns casos, impulsionou o desenvolvimento da astronomia. A serviço do islamismo, a astronomia árabe buscava encontrar maneiras cada vez mais precisas de determinar a direção de Meca. O matemático al-Karismi (c. 780-c. 850) construiu uma tabela de latitudes e longitudes de 2.402 cidades e pontos de referência que o fiel pudesse usar para rezar voltado para Meca.

PÁSCOA E ASTRONOMIA

A Igreja Católica fixa a data da Páscoa, comemoração que marca a ressurreição de Cristo, com um método determinado no ano 325 d.C. pelo Concílio de Niceia. Nos primeiros séculos d.C., a Páscoa era comemorada em dias diferentes pelos diversos grupos de cristãos; o Concílio de Niceia tentou padronizá-la.

Hoje, a Páscoa é comemorada no primeiro domingo depois da primeira Lua cheia ocorrida no equinócio de primavera ou logo depois. É óbvio que os primeiros cristãos não podiam simplesmente esperar para descobrir quando seria essa Lua cheia e depois rapidamente comemorar a Páscoa. Antes dela, era preciso encaixar a Quaresma e seus quarenta dias de jejum, e vinha daí a necessidade de saber com semanas de antecedência quando seria a Lua cheia, tarefa que só se poderia cumprir com registros astronômicos projetados no futuro.

LUGAR E NAVEGAÇÃO

É provável que, em muitas culturas, a posição e o alinhamento de muitas estruturas e até de cidades inteiras tivessem importância astronômica, religiosa ou supersticiosa.

Encontre o caminho

Usar as estrelas para encontrar lugares é importantíssimo para viajantes, principalmente os que viajam por mar, onde não há pontos de referência visíveis. Por volta de 1280-1300, talvez, os maoris foram do leste da Polinésia à Nova Zelândia usando apenas o céu noturno, os padrões climáticos, os padrões das ondas e as correntes oceânicas para se orientar. Os navegadores polinésios usavam os padrões das ondas e as correntes marinhas, mas também recorriam (e ainda recorrem) a uma "bússola das estrelas" — não um objeto físico, mas uma construção mental que divide o horizonte em 32 direções que correspondem à posição de nascimento e ocaso de estrelas brilhantes e do grupo das Plêiades. Os modernos pilotos de avião ainda aprendem a navegar pelas estrelas em caso de emergência.

Os polinésios navegaram ao norte e ao sul do equador e viram elementos do céu de ambos os hemisférios. Eles aprenderam quais estrelas estavam diretamente acima das ilhas que ocupavam e visitavam, e assim podiam localizar a latitude delas pela posição dessas estrelas. Quando chegavam à área certa, podiam procurar aves, madeira à deriva, algas flutuantes, peixes e correntes marinhas locais para guiá-los à terra. Antes deles, quatro mil anos atrás, os navegadores fenícios singraram os mares usando o Sol durante o dia e as estrelas à noite para estabelecer a rota.

É bastante fácil determinar a latitude, ou seja, a posição ao norte ou ao sul do equador. No hemisfério norte, fixar a posição de Polaris, a estrela do Norte, ou medir em graus o ângulo do Sol ao meio-dia acima do horizonte revela a latitude. Esse método é usado há séculos. É mais

OS PRIMEIROS ASTRÔNOMOS

complicado determinar a longitude, ou seja, a posição a leste ou oeste do porto de partida. Um método confiável só foi descoberto em 1765. Por essa razão, a maioria dos povos navegadores acompanhava o litoral ou ia de ilha em ilha em vez de se dirigir ousadamente para a vasta extensão do oceano.

Rumo à ciência

Na Mesopotâmia, no Egito, na Índia, na China e, possivelmente, na Mesoamérica, a astronomia tinha uso prático na criação de calendários e era difícil ou impossível separá-la da astrologia. No entanto, os antigos gregos adotaram uma abordagem diferente. Eles foram o primeiro povo conhecido a propor que o funcionamento do mundo natural — na verdade, de todo o universo — pode ser suscetível a investigações e explicações que não envolvam seres sobrenaturais. Eles indagaram se poderia não haver nenhuma mão controladora, se as coisas poderiam ser como são porque é assim que a matéria e a matemática funcionam. Eles também foram os primeiros a buscar ativamente o conhecimento pelo conhecimento, não apenas pelas possíveis aplicações. A Grécia foi o berço da ciência.

O primeiro cientista

O filósofo Tales de Mileto (c. 624-c. 546 a.C.) foi o primeiro a fazer pronunciamentos sobre a natureza do universo que não recorriam a causas sobrenaturais. Como tal, ele é o avô do método científico e lançou as bases que possibilitaram a grande realização ocidental da ciência. É improvável que Tales tenha tirado essa opinião de alguma tradição mais antiga ou estrangeira; ele foi louvado como pensador original pelos que vieram logo depois dele.

Tales tinha opiniões sobre muitos assuntos, inclusive astronomia. Em seu modelo cosmológico, a Terra flutuava na água, e é provável que a considerasse esférica (embora nem todos os gregos antigos concordassem com isso). Sua teoria da Terra flutuante lhe deu uma explicação para os terremotos: a Terra era jogada de um lado para o outro por mares tempestuosos. A explicação homérica predominante era que os terremotos seriam provocados pelo deus Possêidon caminhando zangado e sacudindo o chão. Não importa que Tales errasse a causa dos terremotos; o importante é que acreditava que havia uma explicação puramente racional, sem

O antigo filósofo grego Tales deu início ao pensamento científico e buscou explicações racionais para eventos e fenômenos naturais.

nenhuma necessidade de invocar seres ou causas sobrenaturais.

Também se credita a Tales a descoberta da data exata dos solstícios. difícil de determinar porque o Sol parece ficar alguns dias parado antes e depois dos solstícios de verão e inverno. Mais de setecentos anos depois, Ptolomeu admitiu a natureza problemática da tarefa. Tales teria de observar o nascer e o pôr do sol durante muitos dias do fim de junho e dezembro, em vários anos, para prever o solstício com exatidão.

Gregos fora da Grécia

A cultura grega (helenística) não se restringia à Grécia e suas ilhas como as conhecemos hoje; 2.600 anos atrás, havia colônias gregas na Turquia, em todo o litoral do Mar Negro, no litoral norte do Egito e no sul da Itália. Tales era miletiano, da cidade de Mileto, na Turquia. Os gregos adotaram a astronomia e a matemática dos babilônios e egípcios e as tornaram suas. Mas, ao contrário dos antecessores, os gregos aproveitaram os fatos e rejeitaram a superstição.

Talvez o momento que marca a transição da superstição à ciência na história da astronomia seja 28 de maio de 585 a.C. Os medas e lídios combatiam pelo controle da Turquia. Tales aprendera astronomia babilônica suficiente para prever o eclipse total do Sol que ocorreu naquele dia. Em consequência, as tropas miletianas estavam preparadas e sem medo quando o eclipse ocorreu, mas os lídios ficaram apavorados, ansiosos pela paz. Ciência, 1; superstição, 0. Com os gregos, um capítulo todo novo se inicia.

A pedra de Tal Qadi, encontrada perto de Salina, na ilha de Malta, data do 4º milênio a.C. Parece mostrar um padrão de estrelas e uma lua crescente. Se já foi um círculo completo, a pedra divide o céu em 16 segmentos.

"Em certa ocasião, [os medas e lídios] travaram uma batalha inesperada no escuro, evento que ocorreu depois de cinco anos de guerra indecisa: os dois exércitos já tinham se engajado e a luta estava em andamento quando o dia de repente virou noite. Essa mudança da luz do dia para a escuridão fora prevista para os jônicos por Tales de Mileto, que fixou sua data dentro dos limites do ano em que realmente ocorreu."

Heródoto, Histórias, c. 425 a.C.

CAPÍTULO 2

O grande ESQUEMA DAS COISAS

"Quem não sabe o que o mundo faz não sabe onde está, e quem não sabe com que propósito o mundo existe não sabe quem é nem o que é o mundo."

Marco Aurélio,
imperador romano,
reinou de 161 a 180 d.C.

O universo é infinito ou limitado, imutável ou em mutação? É um universo único no decorrer do tempo ou um ciclo de criação e destruição? Deveríamos pensar em termos de um único universo ou haverá vários deles? Vemos os mesmos modelos básicos irem e voltarem no decorrer da história, articulados por meio de histórias míticas ou teorias científicas.

Os anjos giram as engrenagens que fazem rodar a esfera mais externa do modelo ptolomaico do universo, dando movimento aos corpos celestes (século XIV).

Vida, universo e tudo o mais

A cosmologia é o estudo do universo inteiro, sua estrutura e seus processos; não pode haver tema maior. Ela envolve a construção de modelos do funcionamento do universo e, depois, a comprovação desses modelos em relação ao que podemos observar e deduzir. Os primeiros modelos só podiam ser testados em relação ao modo como as estrelas, os planetas, o Sol e a Lua pareciam se mover vistos da Terra e do que podíamos vivenciar aqui (as estações do ano, por exemplo).

Mais recentemente, os modelos cosmológicos foram testados com a matemática, a observação astronômica com tecnologia avançada, os dados e amostras recolhidos por sondas espaciais e seu potencial de integração num sistema completo, coerente e constante. Conforme descobrimos mais, o modelo é questionado e adaptado. Por um processo de refinamento e, às vezes, de reviravolta radical, o modelo cosmológico predominante vai se aproximando de uma explicação completa de como funciona o universo.

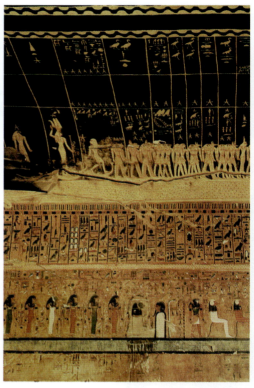

O teto do salão do sarcófago do túmulo do faraó egípcio Seti I, de c. 1279 a.C., mostra as estrelas e constelações conhecidas na 19ª Dinastia com as divindades que as representavam.

Mágico e mítico

Ao olhar o céu lá em cima e a extensão terrena, a ideia de que a Terra é plana e o céu forma uma cúpula acima dela é intuitiva. O fato de as nuvens estarem abaixo do Sol, da Lua e das estrelas é óbvio, porque se deslocam depressa e conseguem cobrir os corpos celestes. Mas nada se pode descobrir sobre a origem do universo ou a natureza dos corpos celestes olhando simplesmente o céu a olho nu. Na antiguidade, esses eram mistérios perfeitos para a especulação imaginosa.

Desde os mais antigos registros escritos, surgem vários modelos cosmológicos, muitos dos quais embasam uma mitologia extensa e complexa. Essas primeiras descrições do universo não tentavam explicar como ele era na verdade e estavam inextricavelmente ligadas a descrições mitológicas e religiosas da origem dos deuses e a narrativas sobre suas façanhas e rivalidades. Alguns motivos reaparecem, como a ideia de um reino dos deuses acima da Terra e um reino de espíritos mortos ou maus debaixo dela. Eles têm mais interesse para antropólogos e historiadores da religião do que para astrônomos.

Camadas de céu e terra

Até onde é possível costurá-la, a cosmologia dos sumérios (e, mais tarde, dos babilônios) parece propor uma Terra circular e relativamente plana sob o céu em forma de cúpula. Juntos, eles formam uma unidade finita e fechada que flutua nas águas infinitas do caos.

Os antigos sumérios consideravam o firmamento uma casca sólida que descansava nas bordas da Terra. Esta tinha uma certa espessura, já que é possível escavá-la e encontrar cavernas subterrâneas. O submundo também estava contido dentro da Terra. As estrelas, a Lua e o Sol estavam dentro do conjunto selado Terra-céu.

Os babilônios adotaram a mesma estrutura cosmológica básica, mas a tornaram mais complexa e embelezaram a mitologia que a explicava. O universo babilônico tinha pelo menos dois níveis de céu acima da Terra e uma região cósmica, Apsu, debaixo dela, mas em outras versões havia seis níveis, três para o céu, um para a Terra, um para o submundo dos mortos e uma região cósmica que separava o reino dos vivos do reino dos mortos. Tanto na descrição suméria quanto na babilônica, as regiões estão intimamente associadas a deuses e narrativas mitológicas e não provocam nenhuma tentativa de explicação por meio de observações. Durante o dia, o sol viaja ao longo de um rio de leste a oeste; depois, passa a noite num túnel subterrâneo e retorna à posição de onde nascerá outra vez.

O modelo cosmológico babilônico, com o céu arqueando-se sobre a Terra arqueada (marrom).

O GRANDE ESQUEMA DAS COISAS

A deusa arqueada do céu

A antiga cosmologia egípcia tinha muito em comum com as ideias contemporâneas da Mesopotâmia. A Terra era considerada retangular e não redonda, mas ainda plana. O Nilo corria pelo centro. O céu, mais uma vez, era sustentado por colunas, mas agora essas colunas eram os braços e pernas da deusa Nut. De acordo com uma das muitas versões do mito egípcio da origem do mundo, Nut abraçava o marido Sibû, o deus da Terra, quando outro deus, Shû, a agarrou e a ergueu para que ela se tornasse o céu. Shû congelou Sibû que se debatia em protesto, e sua forma contorcida explica a superfície irregular da Terra.

A cada dia, Nut dá à luz Ra, o deus do Sol. Ele passa sobre o corpo dela, que se arqueia sobre a Terra, e é engolido por ela a cada noite, pronto para renascer na manhã seguinte. Essa é apenas uma das muitas versões do relacionamento mítico entre Nut e Ra.

A cosmologia chinesa.

Na cosmologia chinesa, há três tradições distintas. A mais antiga registrada foi descrita no século III a.C. nos *Anais da primavera e do verão do mestre Li*. Ela descreve o céu como uma cúpula semiesférica que encerra a Terra também abobadada. Acreditava-se que a distância entre as duas era de 80.000 li (cerca de 43.000 km). O polo norte celeste ficava diretamente acima do centro da Terra (a China, é claro), e os céus giravam em torno dele.

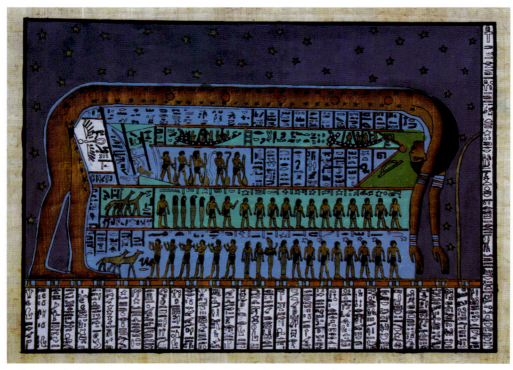

A deusa egípcia Nut arqueia o corpo sobre a Terra, formando o céu.

TARTARUGAS ATÉ LÁ EMBAIXO

Um modelo cosmológico associado à série *Discworld* do escritor Terry Pratchett mostra o mundo sustentado por quatro elefantes que, por sua vez, estão sobre uma tartaruga gigante. Parece que a origem é a mitologia indiana, embora a referência mais antiga a uma fonte indiana seja de 1599. A "tartaruga do mundo", conhecida como Akupara, sustenta sete (ou quatro) elefantes que, por sua vez, aguentam a semiesfera da Terra.

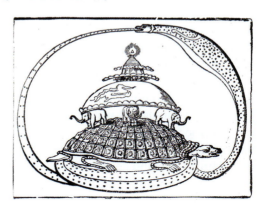

A próxima tradição era o modelo da esfera celeste, associado a Loxia Hong (morto em 104 a.C.) e descrito mais tarde pelo grande astrônomo chinês Zhang Heng (78-139 d.C.). "O céu é como um ovo de galinha, redondo como um projétil de besta; a Terra é como a gema do ovo, sozinha no centro. O céu é grande, e a Terra, pequena."

Por sua vez, a tradição chinesa de Xuan Ye considerava o céu infinito, com corpos celestes espalhados a intervalos, cada um deles capaz de se mover impelido por ventos celestes. Associada a Qi Meng, que viveu em algum momento dos dois primeiros séculos d.C., é descrita num texto escrito por Ge Hong no século IV: "O Sol, a Lua e o grupo das estrelas flutuam livremente no espaço vazio, em movimento ou parados, e todos não passam de vapor condensado. As sete luminárias [Sol, Lua e os cinco planetas conhecidos] às vezes aparecem e às vezes somem, às vezes se movem para a frente e às vezes para trás, cada um parecendo seguir uma série diferente de regularidades. Seus avanços e retrocessos não são os mesmos [...] não estão, de modo algum, interligados. Apenas a estrela polar mantém seu lugar. [...] A velocidade das luminárias depende de sua natureza individual."

A partir de 520 d.C., o modelo da cúpula hemisférica predominou.

Espaço para pensar

A noção de um modelo cosmológico como ponto de partida e não como ponto final da investigação é relativamente moderna.

Há uma grande diferença entre *inventar* uma história de deuses e deusas (ou acreditar na que foi transmitida) e tentar *entender* o que pode ser verdade a partir do que podemos observar na Terra. O sol é quente e brilhante como o fogo; então será que o Sol é um fogo no céu? Esse tipo de conjetura se baseia na razão, não na crença. Por que o Sol não cai? Talvez porque seja seguro por um deus invisível, ou talvez porque esteja preso de algum modo à cúpula do céu e por isso não cai. A primeira explicação é mítica e, em certo sentido, um jeito de evitar a explicação. A segunda se baseia no que é conhecido; prendemos uma lâmpada na parede para que não caia nem ponha fogo na casa, portanto talvez isso também dê certo no céu. Se o Sol estiver preso à cúpula do céu, como é que se prende e de que é feita a cúpula? As perguntas proliferam. Mas se for seguro por um deus, bom, nada sabemos dos deuses nem por que eles se dariam ao trabalho de fazer isso, portanto podemos deixar isso por conta deles. A ciência não aceita que algo seja incognoscível e, portanto, não mereça investigação; só admite que há coisas ainda não conhecidas que poderão ser explicadas no futuro. Ela nos dá espaço para pensar.

Começando a ser científicos

Na Grécia Antiga, começaram a se desenvolver tradições cosmológicas separadas, mitológicas e protocientíficas. Na cosmologia mítica grega, Gaia era a deusa da Terra e mãe de toda a criação, e produziu uma numerosa prole em suas várias uniões com o céu, o mar e o tempestuoso poço do Tártaro, debaixo da Terra. Como o babilônico, nesse modelo cosmológico mítico a Terra era plana, coberta pela cúpula do céu. Havia uma cúpula correspondente sob a Terra, que formava o poço do Tártaro, onde os titãs foram aprisionados depois de derrotados pelos deuses.

Enquanto essa narrativa fabulosa continuava a circular, filósofos de mente científica começaram a formular uma descrição que não tinha nenhuma raiz no sobrenatural. Por volta de 500 a.C., o filósofo Heráclito usou a palavra *kosmos*, raiz de nossa palavra cosmologia, e rejeitou a ideia da origem divina do universo: "Essa ordem do mundo [*kosmos*], a mesma de tudo, nenhum homem nem deus criou, mas sempre foi, é e será: fogo sempiterno, aceso até certo ponto e apagado até certo ponto."

A modelagem do universo

Heráclito não foi o primeiro a buscar explicações racionais. Anaximandro (c. 610-546 a.C.) foi o primeiro astrônomo, metafísico e geógrafo especulativo e fez o mais antigo mapa-múndi conhecido. Pouco de sua obra sobreviveu, mas há descrições de seu pensamento deixadas por outros, como o grande filósofo e protocientista Aristóteles (384-322 a.C.).

Embora não saibamos se ele fez alguma observação astronômica, Anaximandro deu um salto fundamental que foi o início da astronomia ocidental. Ele se dedicou ao pensamento especulativo, como explicar o funcionamento do cosmo, e estabeleceu três pontos básicos:

- Os corpos celestes se movem em círculos completos, e passam sob a Terra além de acima dela.

Isso não fica totalmente claro pela observação, mas parece provável, já que se pode ver que as estrelas próximas à estrela polar percorrem círculos completos. Foi uma ideia ousada por depender do segundo ponto, que é:
- A Terra flutua no espaço sem suporte.

Isso só pôde ser demonstrado por observação 2.500 anos depois, quando as viagens espaciais finalmente nos permitiram fotografar a Terra vista do espaço. Anaximandro acreditava que a Terra era uma coluna redonda ou disco espesso cujo diâmetro seria o triplo da altura. Vivemos

ESPAÇO PARA PENSAR

O filósofo grego pré-socrático Anaximandro foi o primeiro a adotar uma abordagem racional da astronomia.

na superfície superior. A Terra não cai no espaço, afirmava ele, porque está no centro; as pressões são iguais em todas as direções, e a Terra não tem razão para se mover numa direção e não na outra. (Esse é o primeiro uso conhecido do argumento da "causa suficiente" — a ideia de que, para algo acontecer, é preciso haver uma razão.)

- Os corpos celestes não estão todos no mesmo plano esférico e ficam uns atrás dos outros.

Isso era totalmente novo. Antes, os céus tinham sido descritos como uma única casca ou cúpula em cujo interior se prendiam todos os corpos celestes. Pela primeira vez, Anaximandro concebeu objetos no espaço se afastando na distância. Estranhamente, ele punha as estrelas fixas mais próximas da Terra, seguidas pela Lua e com o Sol mais longe. Esses três conceitos foram fundamentais em todos os modelos do universo desde então e pode-se dizer que formam os alicerces da astronomia moderna. Nenhum deles poderia ser testado empiricamente na época de Anaximandro.

A explicação das estrelas, dos planetas, da Lua e do Sol apresentada por Anaximandro era bem mais imaginosa. Ele propôs que os corpos celestes eram como rodas de um carro, cada um com um aro feito de vapor opaco, mas cheio de fogo. Há lacunas no aro, pelas quais a luz brilha. Enquanto a Lua e o Sol têm uma roda cada, as estrelas, presumivelmente, têm várias, cada uma com mais de uma lacuna (uma roda para cada estrela deixaria tudo muito lotado). As rodas ficam a distâncias

O modelo do universo de Anaximandro, com as distâncias entre os corpos marcada em múltiplos do diâmetro da Terra.

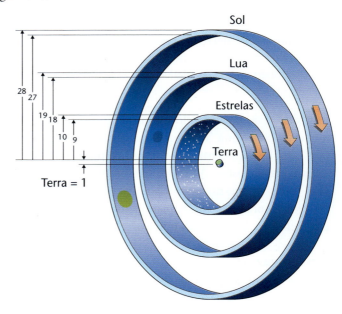

43

O GRANDE ESQUEMA DAS COISAS

> **UM POUCO SOBRE A MATÉRIA**
>
> O universo é feito de matéria. A natureza da matéria era controvertida na Grécia Antiga. Empédocles (c. 492-432 a.C.) propôs que todas as coisas se compõem de quatro "raízes" ou elementos: fogo, ar, água e terra. As proporções da mistura desses elementos explicam as características dos diversos tipos de matéria. Aristóteles acrescentou um quinto elemento, o éter. Ele difere dos elementos terrestres por ter as propriedades de calor ou frio, umidade ou secura e por só estar presente nos círculos dos corpos celestes.
>
> Para os antigos gregos, uma questão mais complicada era se a matéria é contínua ou descontínua, ou seja, se está ou não dividida em porções minúsculas. A noção de que tudo no universo se compõe de partículas minúsculas e indivisíveis chamadas átomos (*átomo* significa impossível de cortar) foi proposta pelo filósofo Leucipo (morto em 370 a.C.) ou por Demócrito (460-370 a.C.), um de seus seguidores. Acreditava-se que as qualidades dos diversos tipos de matéria resultavam do arranjo diferente desses átomos. Era uma proposta muito boa para um trabalho totalmente especulativo.

conceito de espaço completamente vazio, um verdadeiro vácuo, foi controvertida durante muito tempo. Credita-se a Leucipo ter sido o primeiro a propor o vácuo no século IV ou V a.C. O vácuo só pode existir se a matéria estiver em aglomerações minúsculas (se ela for contínua, não haverá espaço no meio), de modo que a ideia do vácuo anda necessariamente de mãos dadas com o atomismo.

O vácuo apresentava um problema filosófico. No decorrer dos séculos, muitos filósofos e pensadores rejeitaram a ideia de que possa haver espaço que não contenha nada. Aristóteles era um deles, e defendia que a matéria não se compõe de átomos separados e que é contínua e está em toda parte. Onde não houver outra coisa, haverá *éter*. Os antigos gregos não tinham como responder à questão do vácuo, que ficou séculos sem solução (ver o Capítulo 7).

Nosso lugar no espaço

A questão de como os corpos celestes se arrumam no espaço, vazio ou não, se tornou controvertida e logo fundamental. Da Terra, é impossível dizer se o Sol gira em torno da Terra ou se a Terra gira em torno do Sol; seja como for, a aparência seria a mesma.

fixas da Terra, produzindo um modelo do universo com uma Terra central cercada por círculos concêntricos formados por essas rodas celestes. As rodas não se movem todas na mesma velocidade, e o eixo do céu se inclina a 38,5° quando medido em Delfos, o "umbigo do mundo".

Espaço vazio?

Hoje, a noção de que a maior parte do espaço é vazia nos é bastante familiar. Mas o

> *"Assim como o passageiro de um barco que se desloca rio abaixo vê [as árvores estacionárias na margem do rio] como se atravessassem rio acima, o observador na Terra vê as estrelas fixas se moverem rumo a oeste exatamente na mesma velocidade [em que a Terra se move de oeste para leste]."*
>
> Ariabata, *Aryabhatiya*, século VI d.C.

44

Em torno da lareira (do universo)

Embora Anaximandro estabelecesse o primeiro modelo científico em torno de uma Terra central, na Grécia Antiga esse não era o único modelo. Os seguidores do matemático Pitágoras (c. 570-c. 495 a.C.) acreditavam que o universo orbitava um fogo central invisível, às vezes chamado de Lareira do Universo. É possível que o modelo tenha sido criado por Filolau (c. 470-385 a.C.). Cada uma das dez esferas concêntricas de cristal centradas num fogo invisível sustentam a Contra-Terra, a Terra, a Lua, o Sol, os cinco planetas na ordem e, finalmente, as estrelas fixas. Quando se tocam, essas esferas de cristal fazem um lindo som, a "música das esferas". De acordo com Aristóteles, a Contra-Terra, além de ajudar a explicar os eclipses, também completava o número; para os pitagóricos, 10 era um número sagrado ou perfeito e, por isso, eles preferiam um sistema com dez círculos. (Aristóteles não era fã desse modelo, e essa pode ter sido uma alfinetada zombeteira nos pitagóricos.) Talvez a Contra-Terra tenha sido acrescentada para manter o equilíbrio e a harmonia, já que de outro modo haveria um único corpo maciço em órbita do centro, e o sistema ficaria desequilibrado. Embora a Terra orbite o fogo central, nesse modelo ela não gira em seu próprio eixo. Isso explicava por que o fogo central e a Contra-Terra não eram visíveis na Grécia, que estava simplesmente virada para o outro lado.

O modelo pitagórico pode ter sido o primeiro a não pôr a Terra no centro do universo, mas a substituía por dois corpos que na verdade não existem.

O centro de tudo

Aristarco de Samos (c. 310-c. 230 a.C.) foi a primeira pessoa conhecida a defen-

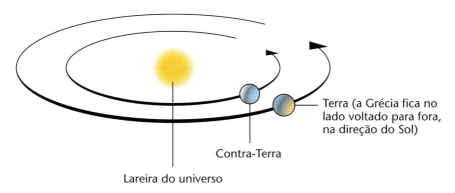

No modelo do universo atribuído a Filolau, a Terra, o Sol e a "Contra-Terra" giram em torno da "Lareira do Universo"; Não podemos ver a Contra-Terra nem a Lareira do Universo porque a Terra não gira em seu eixo e vivemos no lado voltado para o Sol.

der que o Sol e não a Terra está no centro do sistema solar e, portanto, do universo conhecido. De acordo com seu modelo, a Terra gira diariamente no próprio eixo e percorre uma órbita de um ano em torno do Sol. Os outros planetas e as estrelas fixas também ocupam círculos ou esferas concêntricas em torno do Sol. Além disso, Aristarco propôs que as estrelas são sóis, mas distantes demais para que sintamos seu calor. Ele disse que sua grande distância da Terra é a razão de parecerem estar à mesma distância umas das outras. Essas ideias são bem espantosas para alguém cujo único recurso era a observação do céu noturno a olho nu. Hoje, o movimento das estrelas em relação umas às outras pode ser medido com telescópios e usado para calcular a distância até elas, mas não era perceptível na época de Aristarco.

Na verdade, o modelo de Aristarco não pegou. Não havia provas convincentes de nenhum dos modelos, e o orgulho humano pode ter preferido o modelo geocêntrico (com a Terra no centro); os seres humanos gostam de ser o centro da atenção celeste. Também parece mais intuitivo; aparentemente, vemos o Sol se deslocar pelo céu e as estrelas fixas girarem em torno da estrela polar. Por que supor que não estejam se deslocando em torno da Terra?

Mas o modelo heliocêntrico (com o Sol no centro) teve apoio intermitente. Uns cem anos depois de Aristarco, Seleuco da Selêucia o promoveu. Seus textos não sobreviveram, mas seu trabalho é conhecido por registros deixados por outros escritores. O historiador grego Plutarco (46-120 d.C.) afirmava que Seleuco foi a primeira pessoa a demonstrar pelo raciocínio que a Terra gira em torno do Sol, em-

> **UM ERRO SIMPLES**
> É comum dizer que o modelo heliocêntrico de Aristarco foi ignorado e até que ele talvez tenha sido ameaçado por sugeri-lo, mas os indícios mostram outra coisa. O cientista natural romano Plínio, o Velho (23-79 d.C.) e o dramaturgo e filósofo Sêneca (4 a.C.-65 d.C.) referem-se ao movimento retrógrado *aparente* dos planetas (ver a página 48). Isso indica que aceitavam um modelo heliocêntrico no qual o fato de os planetas parecerem mover-se para trás é consequência do movimento da Terra em relação a eles e não seu verdadeiro movimento. A sugestão de que Aristarco foi criticado ou perseguido por sua teoria vem de uma má tradução feita no século XVII da descrição que Plutarco faz de Aristarco.

bora seu argumento não tenha sido preservado. Também se credita a Seleuco ter sido o primeiro a deduzir que as marés são causadas pela influência da Lua e a propor que o universo é infinito.

Aristóteles pega o bonde errado

Aristóteles é reconhecido como um dos maiores pensadores de todos os tempos, mas a astronomia não era seu ponto forte. Além de negar a possibilidade do vácuo, ele rejeitou a descrição de Aristarco a favor do modelo geocêntrico mais aceito. Como Aristóteles teve extrema influência, isso determinou o cenário durante séculos, com todo o mundo ocidental no caminho errado.

Para entender a cosmologia de Aristóteles, é necessário conhecer um pouco de sua teoria da física. Ele aceitava que a

O CENTRO DE TUDO

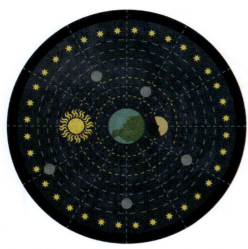

O modelo geocêntrico do universo põe a Terra no centro, com a Lua, o Sol, os planetas e as estrelas girando em torno dela.

matéria terrena é formada por quatro elementos — terra, água, ar e fogo —, mas acrescentou um quinto elemento, o *éter*, para o céu. Ele dividia o movimento em dois tipos: o natural e o forçado. O primeiro descrevia o movimento natural dos elementos, em linhas retas para os quatro terrenos e em círculos para o éter. Cada um dos elementos terrenos se movia naturalmente rumo ao centro do universo (o centro da Terra) ou para longe dele. A terra, sendo mais pesada, movia-se para baixo através dos outros; o ar e o fogo moviam-se naturalmente para cima. O movimento forçado, como ao lançarmos uma pedra para cima, não pode se manter indefinidamente; a pedra vai acabar caindo ao seguir seu movimento natural. Para que o movimento continue, o objeto móvel precisa ter contato constante com o originador do movimento.

Esse contato pode ser delegado; assim, quando lançamos uma pedra, a força que a move depois que ela sai da mão passa para o ar, que se afasta do caminho da pedra, a contorna e a empurra por trás! O argumento não é muito convincente, mas soou aceitável a Aristóteles. Mas por isso ele não podia aceitar o espaço vazio. Sem nada que exercesse pressão em algo que se movesse, esse algo não continuaria a se mover; mas podemos ver que os corpos celestes se movem.

Quando levadas à cosmologia, as ideias de Aristóteles o conduziram ao universo centrado na Terra com duas zonas distintas. A zona sublunar é formada pelos elementos terrenos, com seus movimentos predominantemente retilíneos; os corpos celestes são fei-

Aristóteles foi um dos maiores pensadores que já viveram, mas em alguns campos, como na astronomia, seus erros atrapalharam o progresso.

O GRANDE ESQUEMA DAS COISAS

tos de éter e têm apenas movimentos circulares. A Lua, o Sol, os planetas e as estrelas fixas, portanto, habitavam esferas que giravam em torno da Terra em movimento perfeitamente circular. Essa região externa era perfeita, eterna e nunca sujeita a mudanças. Em consequência, fenômenos como meteoros e cometas foram localizados por Aristóteles na atmosfera superior.

Os problemas dos planetas

Essa é uma bela ideia que, infelizmente, não combina muito bem com a observação. Os planetas não se movem em círculos constantes em torno da Terra. Quando observados no decorrer do ano, eles parecem dar uma série de voltas; o planeta para, depois anda para trás, depois para de novo antes de retomar o movimento para a frente. Esses períodos retrógrados indicam que eles não seguem uma órbita simples em torno da Terra.

O matemático e astrônomo grego Apolônio de Perga (262-190 a.C.) imaginou o início de uma solução. Ele propôs que a trajetória de cada planeta é definida por dois círculos. Cada planeta está numa pequena órbita circular chamada "epiciclo". Esse epiciclo está na órbita da Terra. O círculo maior traçado em torno da Terra é chamado de "deferente".

Mas nem isso explicava direito o movimento, porque as voltas retrógradas não são igualmente espaçejadas nem têm tamanho angular igual. O passo seguinte foi deslocar o deferente, para que a Terra não

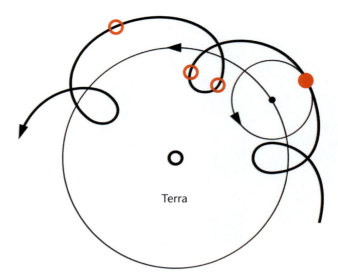

O planeta (vermelho) gira em seu epiciclo, que, por sua vez, orbita a Terra.

ficasse no centro do círculo. Isso acrescentava um novo problema filosófico: se os planetas não orbitavam a Terra, seu movimento não era uniformemente circular. Tudo parecia meio empacado.

O modelo ptolomaico

No século II d.C., o astrônomo greco-egípcio Ptolomeu acrescentou um ponto a mais que permitia pelo menos a ilusão de movimento uniforme e imaginou uma explicação matemática para os movimentos dos corpos celestes em torno da Terra. Essa mudança relativamente pequena assegurou a supremacia do modelo geocêntrico nos séculos seguintes.

Com o deferente deslocado da Terra, seu foco central é um ponto do espaço chamado "excêntrico". Ptolomeu acrescentou outro ponto, oposto à Terra e equidistante do excêntrico, que chamou de "equante". A velocidade do planeta era uniforme em relação ao equante. Isso significa que, se pudéssemos ficar no equante e observar, o centro do epiciclo do planeta sempre se moveria com a mesma velocidade angular (cobriria o mesmo ângulo de arco no mesmo período). Em qualquer outro lugar, inclusive na Terra e no excêntrico, o planeta seria visto indo mais depressa em algumas partes da órbita do que em outras. Isso restaurava o movimento circular uniforme que Aristóteles exigia e, ao mesmo tempo, explicava os movimentos aparentes dos planetas quando vistos da Terra.

Ptolomeu pôs cada um dos corpos celestes em sua própria esfera ou orbe, com a Lua mais perto da Terra, seguida por Mercúrio, Vênus, o Sol, Marte, Júpiter e Saturno. Finalmente, as estrelas fixas dividiam a esfera mais externa. Não havia nenhum modo seguro de determinar a sequência, a não ser no caso da Lua, que tinha de estar mais próxima porque pode encobrir todos os outros, e das estrelas fixas, que têm de ficar mais longe porque os outros podem se mover na frente delas. A sequência Marte, Júpiter e Saturno segue o período sideral progressivamente mais longo — o tempo que levam para se deslocar por toda a sequência do zodíaco. No caso de Mercúrio, Vênus e o Sol, todos com período sideral de um ano, não há nenhum modo óbvio de escolher. Vale

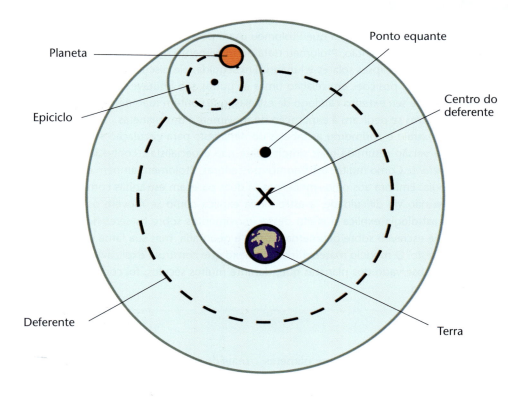

A explicação que Ptolomeu deu para o movimento dos planetas fazia cada planeta orbitar num epiciclo, cujo centro orbita o ponto X, centro do deferente. A Terra e o ponto equante estão igualmente deslocados do centro.

O GRANDE ESQUEMA DAS COISAS

CLÁUDIO PTOLOMEU (C. 85 -C. 165 D.C.)

Sabe-se relativamente pouco da vida de Ptolomeu além de que viveu em Alexandria, no Egito, e fez observações astronômicas entre 127 e 141 d.C. Sua obra mais famosa é o tratado em treze volumes conhecido como *Almagesto* (devido ao nome em árabe, *al-Majisti*). A grande realização de Ptolomeu foi sua explicação do movimento dos planetas, com métodos e cálculos matemáticos que, aparentemente, são originais seus.

O livro apresenta o modelo derivado de Aristóteles e explica que as estrelas fixas estão numa esfera que gira em torno da Terra todos os dias, levando consigo as outras esferas que abrigam os outros corpos celestes. Em seguida vem a explicação da matemática que Ptolomeu usará para calcular o movimento dos planetas em "epiciclos". Então, Ptolomeu trata do movimento do Sol e da Lua e apresenta sua teoria dos eclipses solares e lunares. Em seguida, ele discute as estrelas fixas e defende que suas posições em relação umas às outras são imutáveis. Nesse ponto do tratado ele põe seu extenso catálogo de estrelas, que contém mais de mil delas. Os últimos cinco livros se dedicam à explicação do movimento dos planetas.

Ptolomeu extraiu e aprimorou as tabelas do *Almagesto* para circulação separada e escreveu uma versão resumida mais simples para não especialistas, conhecida como *Hipótese planetária*. Como muitos astrônomos posteriores, Ptolomeu também escreveu sobre astrologia. Embora aos olhos modernos as duas pareçam estranhas companheiras, Ptolomeu não via dificuldade; a astronomia explica como se movem os corpos celestes, e a astrologia explica o efeito desses movimentos sobre os seres humanos. Além disso, ele escreveu sobre geometria, óptica e geografia, mas sua fama descansa sobre o *Almagesto*. O modelo matemático complexo que construiu explicava tão bem o movimento observado dos planetas que, durante muitos séculos, foi considerado a explicação correta.

dizer que não se considerava que planetas propriamente ditos se movessem; eles estavam fixos em orbes, e os orbes se moviam. Em consequência, havia mais de um orbe por planeta, já que ele tinha de fazer mais de um tipo de movimento.

Com os movimentos planetares explicados, não havia mais razão para questionar o modelo, e a versão de universo centrado na Terra de Ptolomeu dominou

O CENTRO DE TUDO

a astronomia até o século XVI. Assim, durante dois mil anos o modelo preferido de Aristóteles praticamente não foi questionado; a Terra estava imóvel no centro de uma sucessão de esferas concêntricas transparentes que giravam em velocidades diferentes em torno dela.

Planetas à deriva

O modelo ptolomaico do universo explicava o padrão do movimento planetário e foi aceito sem questionamentos durante muitos séculos. Mas, quando as observações ficaram mais acuradas (e com a lenta mudança da posição das estrelas em relação à Terra no decorrer dos séculos), as discrepâncias se tornaram cada vez mais óbvias.

Os astrônomos muçulmanos foram os primeiros a criticar o modelo de Ptolomeu. Abu Sa'id al-Sijzi (951-1020) questionou a ideia de que a Terra era estacionária e propôs que ela gira em seu eixo. Ele chegou a construir um astrolábio (ver a página 75) com base no pressuposto de que era a Terra que se movia, não as estrelas e planetas. Aristóteles e muitos pensadores subsequentes tinham rejeitado essa proposta com base em que, se a Terra se movesse de algum modo, um objeto lançado ou deixado cair ficaria para trás quando a Terra se movesse sob ele e, portanto, não cairia em linha reta até o chão. Outros manipularam

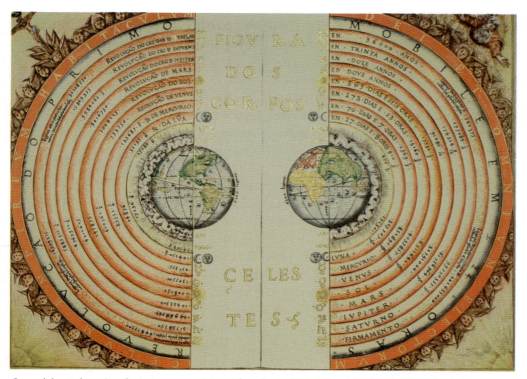

O modelo ptolomaico do universo persistiu até o século XVII. Até então, hordas angelicais foram acrescentadas além do "primum mobile", a esfera que dá movimento ao resto. Essa região externa ao universo físico era o domínio de Deus.

51

o modelo geométrico dos movimentos planetares, mas ninguém ofereceu nenhum aprimoramento a longo prazo da exatidão do esquema original de Ptolomeu.

Um longo silêncio

As obras de Aristóteles e Ptolomeu se perderam para a Europa durante cerca de seiscentos anos, do século VI ao XII. Elas se mantiveram no mundo árabe, onde continuaram a ser lidas e comentadas, e mais tarde voltaram à Europa, geralmente por meio de traduções do árabe. Mas, embora os astrônomos árabes construíssem instrumentos e fizessem observações acuradas do céu noturno, havia uma divisão entre astronomia e cosmologia. Os detalhes factuais das órbitas e da posição das estrelas cabiam à astronomia; o pensamento teórico sobre a natureza do universo e como ele funcionava cabia à cosmologia e à obra de cientistas e filósofos naturais. Os árabes se destacavam na astronomia, mas sua influência sobre a cosmologia fora do terreno da religião baseava-se principalmente em descobrir falhas do modelo ptolomaico predominante.

Quando as obras de Aristóteles e Ptolomeu voltaram às academias europeias, passou-se muito tempo tentando conciliar suas deduções científicas com os ensinamentos da Bíblia. Especificamente, era difícil conciliar a afirmativa de Aristóteles de que o universo é eterno com a narrativa bíblica de um momento de Criação e um fim no Juízo Final.

A separação das esferas

Com o aumento da exatidão das observações, foi inevitável que alguma modificação drástica do modelo ptolomaico se tornasse necessária. A mudança começou no sul da Índia: Nilakantha Somayaji (1444-1544) desenvolveu um sistema em que os planetas Mercúrio, Vênus, Marte, Júpiter e Saturno orbitam o Sol. Mas ele não resolveu o problema por inteiro; seu pequeno sistema heliocêntrico como um todo orbitava a Terra. A maioria dos astrônomos de Keralan que o seguiam aceitou o modelo. O astrônomo dinamarquês Tycho Brahe propôs praticamente a mesma ideia no final do século XVI.

Finalmente, o universo ptolomaico parou no século XVII. Mas o mundo não estava pronto para abrir mão de sua posição no centro de tudo sem lutar.

A revolução de Copérnico

Em 1543, o astrônomo polonês Nicolau Copérnico reconfigurou o universo em torno do Sol. Hoje é difícil avaliar como isso foi revolucionário. O modelo ptolomaico tinha predominado durante 1.700 anos e era totalmente apoiado pela Igreja. Questionar o modelo aceito era perigoso. A Igreja estava comprometida com o modelo geocêntrico porque sustentava os ensinamentos da Bíblia: a Terra é especial, o paraíso criado por Deus para a humanidade, com o resto do universo a seu serviço. Arrancar a Terra de sua posição central, fazer dela um dentre vários planetas que orbitam o Sol, era um grave desafio a essa posição especial. A Igreja reagiu (não de imediato, mas pouco depois) afirmando sua oposição ao modelo heliocêntrico e, mais tarde, tornando-o ilegal.

O modelo de Copérnico não era completamente original. Como vimos, Aristar-

A REVOLUÇÃO DE COPÉRNICO

O modelo copernicano do universo pôs o Sol no centro e reduziu a Terra à mesma posição dos outros planetas, em órbita do Sol. Esta imagem de 1660 inclui as luas de Júpiter, descobertas por Galileu Galilei em 1610.

co de Samos já o defendera, e astrônomos indianos e árabes também o propuseram. Na verdade, é possível que Copérnico tenha tirado pelo menos alguns elementos matemáticos do trabalho de Ibn al-Shatir. Mas foi Copérnico quem mudou o mundo.

Ele apresentou pela primeira vez suas ideias heliocêntricas no folheto *Commentariolus*, que nunca foi impresso mas circulou sob forma manuscrita entre 1508 e

> "Vemos como certeza que a Terra, fechada entre os polos, é limitada por uma superfície esférica. Por que então ainda hesitamos em lhe conceder o movimento adequado por natureza à sua forma em vez de atribuir movimento ao universo inteiro, cujo limite é desconhecido e incognoscível? Por que não deveríamos admitir, em relação à rotação diária, que a aparência está nos céus e a realidade, na Terra? Esta situação se assemelha muito ao que diz Eneias, de Virgílio: 'Avante a partir do porto zarpamos, e a terra e as cidades somem lá atrás'."
>
> Copérnico, 1543

NICOLAU COPÉRNICO (1473-1543)

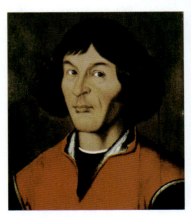

Copérnico nasceu numa família rica e com influência política. Polímata e poliglota (falava alemão, latim, polonês, italiano e grego), suas realizações foram importantes fora da astronomia. Mas foi pela astronomia que ficou famoso e teve mais impacto. Copérnico começou a se interessar por astronomia na universidade de Cracóvia, na Polônia, de 1491 a 1494. Depois de se formar, foi nomeado cônego da catedral de Frombork, em Toru, cargo que ocupou pelo resto da vida. De 1496 a 1503, ele deixou a catedral para estudar na Itália, onde fez amizade com o astrônomo italiano Domenico Maria Novara, um dos poucos que ousavam questionar o modelo ptolomaico. A partir de 1510, Copérnico morou nos alojamentos da catedral e dedicou-se à astronomia nas horas livres. Começou a desenvolver seu modelo heliocêntrico do universo por volta de 1508, e em 1513 construiu um pequeno observatório para auxiliar seus estudos.

Em 1514, ele publicou *Commentariolus*, um folheto que delineava seu modelo heliocêntrico. Copérnico só mandou o folheto a amigos íntimos. Mesmo assim, nos anos seguintes surgiu uma agitação em torno das ideias. Quando explicou completamente seu modelo em 1543 na obra *De revolutionibus orbium cœlestium* ("Das revoluções das esferas celestes"), provocou críticas de outros astrônomos e da Igreja. Martinho Lutero, o líder da Reforma Protestante, também o rejeitou. O ministro luterano Andreas Osiander escreveu um prefácio, anexado ao livro sem o conhecimento de Copérnico, dizendo que o modelo era apenas uma teoria. Isso estava de acordo com uma negociação anterior da Igreja com a filosofia natural. Em 1277, a Igreja condenou 227 ideias derivadas dos ensinamentos de Aristóteles, tornando passível de excomunhão quem afirmasse qualquer delas como verdade. Os filósofos Jean Buridan (c. 1295-1363) e Nicole Oresme (c. 1320/5-1382) montaram um acordo nominalista: a ciência seria considerada uma hipótese de trabalho que concorda com os fenômenos observados, mas que não limita o que Deus estiver fazendo com o mundo. Isso significava que qualquer coisa poderia ser proposta, já que se reconhecia que Deus poderia ter ordenado as coisas de forma muito diferente se assim desejasse.

De revolutionibus foi publicado com esse prólogo como se acrescentado pelo próprio Copérnico, mas pelo menos alguns leitores descobriram que era de Osiander. Copérnico já estava doente e próximo da morte, sem condições de defender sua obra. Ele não viveria para ver o estardalhaço que causou.

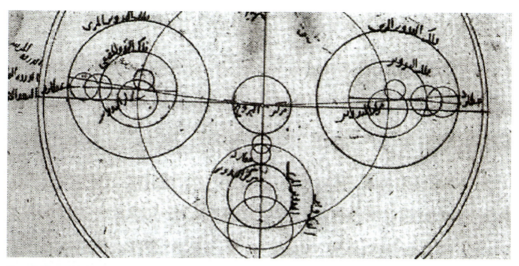

Ibn al-Shatir (1305-1375) eliminou o equante e o excêntrico e acrescentou mais epiciclos ao modelo de Ptolomeu para explicar o movimento dos planetas (Mercúrio, neste caso). Copérnico talvez conhecesse o trabalho de al-Shatir; seu modelo matemático do movimento de Mercúrio é idêntico ao do astrônomo árabe.

1514. Esse folheto propunha sete axiomas que serviam de anúncio de suas ideias:

1. Não há um único centro de todos os orbes ou esferas celestes.
2. O centro da Terra é o centro da esfera lunar — a órbita da Lua em torno da Terra.
3. O Sol está perto do centro do universo, e todos os corpos celestes giram em torno dele.
4. A distância entre a Terra e o Sol é apenas uma fração minúscula da distância entre as estrelas e a Terra e o Sol.
5. As estrelas não se movem; parecem mover-se porque a própria Terra está em movimento.
6. A Terra orbita o Sol, fazendo parecer que o Sol percorre um ciclo anual.
7. O aparente movimento dos planetas, com movimento que se alterna entre progressivo e retrógrado, é uma ilusão produzida pelo movimento da Terra em torno do Sol.

Copérnico levaria décadas para completar a matemática e as explicações necessárias para sustentar essas afirmativas: sua teoria totalmente articulada foi publicada em 1543 em *De revolutionibus orbium cœlestium*.

A Igreja baniu *De revolutionibus* em 1616, 73 anos depois da morte de Copérnico, e a obra permaneceu na lista de livros proibidos até 1758. Ironicamente, a reforma da Igreja que criou o calendário gregoriano em 1582 se baseou em tabelas que usaram os métodos e o modelo de Copérnico.

Mudar o mundo

Fora da Igreja, *De revolutionibus* logo se tornou influente. Entre os que adotaram o sistema copernicano estavam os astrôno-

O GRANDE ESQUEMA DAS COISAS

> **RUPTURA EPISTEMOLÓGICA**
>
> A proposta de universo heliocêntrico de Copérnico é um exemplo de "ruptura epistemológica", definida por Gaston Bachelard em 1938: a remoção de uma barreira ao avanço científico criada por uma atitude ou estrutura de crenças não planejada. A ideia de que a Terra estava no centro do sistema solar surgiu naturalmente pela observação do deslocamento do Sol pelo céu a cada dia. Um modelo científico — o universo ptolomaico — foi construído em torno dessa crença sem examiná-la. Então, o modelo se tornou um obstáculo ao desenvolvimento. É preciso algum esforço e energia para identificar e depois derrubar esses obstáculos. Bachelard propôs que a história da ciência é uma série de modelos desse tipo, desenvolvidos e depois rompidos.

cluíam que o universo copernicano contradizia as regras da física aristotélica, que as previsões que produzia não eram melhores do que as do modelo ptolomaico e que contradiziam as escrituras. Mesmo antes da publicação do livro, Martinho Lutero, o instigador da Reforma Protestante, se queixava de que "esse tolo deseja

Em 1543, Copérnico explicou seu modelo por completo no livro De revolutionibus orbium cœlestium, *um dos mais importantes textos científicos já publicados.*

mos ingleses John Dee, Robert Recorde, Thomas Digges e William Gilbert, Michael Mästlin na Alemanha e Giambattista Benedetti e Giordano Bruno na Itália. A partir de 1561, a Universidade de Salamanca, na Espanha, permitiu aos alunos escolherem entre estudar Ptolomeu ou Copérnico.

Ainda assim, o modelo copernicano não substituiu imediatamente o ptolomaico. Muitos o contestavam, mesmo fora da Igreja. A elite intelectual ainda estava comprometida com a autoridade dos autores clássicos, e nunca seria fácil questionar uma ideia com o selo de aprovação de Aristóteles e que dominara durante quase dois milênios. Os contra-argumentos in-

A REVOLUÇÃO DE COPÉRNICO

reverter toda a ciência da astronomia; mas as sagradas Escrituras nos dizem que Josué comandou o Sol para que parasse, e não a Terra."

> "Talvez a humanidade jamais tenha enfrentado desafio maior, pois, pela admissão [de Copérnico de que a Terra não está no centro do universo], quanto mais não caiu em pó e fumaça? Um segundo paraíso, um mundo de inocência, poesia e piedade, o testemunho dos sentidos, a convicção de uma fé religiosa e poética. ... Não admira que os homens não tivessem estômago para tudo isso, que se unissem de todos os modos contra tal doutrina."
> Johann Wolfgang von Goethe, 1810

Uma posição negociada

Entre os que não aceitavam o modelo copernicano em sua totalidade estava o astrônomo dinamarquês Tycho Brahe, o último dos grandes astrônomos a olho nu. Seu desafio à astronomia e a raiz de seu modelo do sistema solar vieram de duas observações que ele fez na década de 1570.

Em 1572, Brahe avistou uma nova estrela (ver o quadro da página 59) e, em 1577, a caminho de casa depois de uma pescaria, viu um cometa brilhante. As descrições e explicações que publicou foram

Estátua de Tycho Brahe no Jardim Botânico de Copenhague, na Dinamarca, perto do local de seu observatório na ilha de Hven.

O GRANDE ESQUEMA DAS COISAS

TYCHO BRAHE (1546-1601)

O astrônomo dinamarquês Tycho Brahe assoma na história da astronomia, destacado principalmente pelo nariz de metal e pelo alce de estimação. Brahe comprou seus primeiros instrumentos astronômicos na década de 1560, quando estudava na Alemanha. Em 1566, ele perdeu parte do nariz num duelo com outro aluno e passou a usar uma prótese metálica ou pelo menos um curativo sobre o buraco pelo resto da vida. Ele voltou à Dinamarca em 1570; em 1572, observou o surgimento de uma nova estrela na constelação de Cassiopeia e publicou um folheto a respeito. A estrela, hoje chamada de SN 1572, era uma supernova (a explosão de uma estrela); seus remanescentes foram descobertos na década de 1960.

O rei Frederico II da Dinamarca deu recursos a Brahe para construir um observatório na pequena ilha de Hven, no estreito de Øresund, perto de Copenhague. Chamado Uraniburg, tornou-se o melhor observatório da Europa. Em Uraniburg, Brahe construiu e calibrou novos instrumentos, montou sua própria gráfica e treinou jovens astrônomos. Seu observatório fazia observações todas as noites, não só no ponto alto das órbitas dos vários planetas, como outros observadores costumavam fazer. Assim, o grau de exatidão obtido era mais alto do que todos os observatórios anteriores. As observações de Brahe tinham precisão de dois minutos de arco (e até meio minuto de arco em alguns casos), enquanto os observadores anteriores tinham, em geral, precisão de quinze minutos de arco. (Um minuto de arco é $1/60$ de grau, com 360 graus no círculo completo.) Brahe também foi o primeiro astrônomo a corrigir a refração atmosférica — a leve distorção que a atmosfera da Terra causa na visão das estrelas.

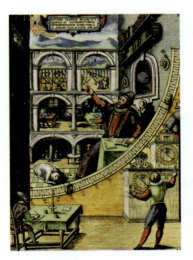

Em 1597, uma disputa com o novo rei Cristiano IV provocou a saída de Brahe da Dinamarca para sempre. Em 1599, ele se instalou em Praga, mas só viveu mais dois anos antes de morrer. Nesse período, outro grande astrônomo, Johannes Kepler, trabalhou com ele. Mais tarde, Kepler deduziu a órbita elíptica dos planetas a partir das observações de Brahe.

E o alce? Brahe tinha um alce de estimação que ia com ele a festas e banquetes. Certo dia, o animal bebeu cerveja demais, caiu da escada do castelo que eles visitavam e morreu. A morte do próprio Brahe também foi dramática. Ele se recusou a sair de uma festa para urinar; com isso, lesionou a bexiga ou contraiu uma infecção urinária que o matou onze dias depois.

A REVOLUÇÃO DE COPÉRNICO

um desafio importante à astronomia. Os dois fenômenos discordavam da noção proposta por Aristóteles e pela Igreja de que o céu é eternamente imutável. A supernova e o cometa estavam claramente além da Lua, provavelmente entre as estrelas fixas.

Brahe demonstrou que o cometa definitivamente não estava na atmosfera da Terra. Ele fez isso comparando suas observações do cometa perto de Copenhague com as de Tadeáš Hájek, em Praga, ao mesmo tempo. O cometa estava praticamente na mesma posição quando visto nos dois locais, mas a posição da Lua era bem diferente. Assim, Brahe deduziu que o cometa tinha de estar mais longe do que a Lua. Se Ptolomeu estivesse correto sobre as cascas fixas das esferas celestes, o cometa teria de se mover entre elas; mas isso era claramente impossível. Essa parte do modelo aristotélico-ptolomaico não poderia se manter, e a ideia das esferas celestes físicas desapareceu no período entre 1575 e 1625.

No entanto, Brahe não se dispunha a renunciar totalmente ao modelo ptolomaico. Em vez disso, ele desenvolveu um tipo de esquema intermediário, o modelo ticônico, em que todos os planetas, com exceção da Terra, orbitavam o Sol, e o Sol e a Lua orbitavam a Terra. A esfera das estrelas fixas também girava em torno da Terra. Tycho Brahe estava comprometido com a ideia da Terra estacionária e reclamava que o modelo copernicano "atribui à Terra, esse corpo volumoso e preguiçoso, inadequado para o movimento, um movimento tão rápido quanto o das tochas etéreas", o que ele considerava implausível. Ele pôs o cometa recém-descoberto na órbita do Sol, entre Vênus e Marte. Seu modelo foi popular no início do século XVII entre os desencantados com o universo ptolomaico e suas necessárias imperfeições, mas pouco dispostos a adotar o modelo heliocêntrico de Copérnico.

Voltas e mais voltas?

Uma razão para os astrônomos não correrem todos para adotar o modelo de Copérnico é que suas previsões para os movimentos planetários não eram mais exatas do que as do modelo ptolomaico; ele ainda exigia equantes e epiciclos para se igualar ao que era visto no céu. Tudo isso foi eliminado por Johannes Kepler, aluno, assistente e sucessor de Tycho Brahe (ver o quadro da página 61).

O maior erro de Copérnico foi supor que os planetas percorriam órbitas circu-

---

"No 11º dia de novembro, à noite, após o pôr do Sol, eu contemplava as estrelas no céu limpo. Notei que uma estrela nova e incomum, ultrapassando as outras em brilho, cintilava quase diretamente acima de minha cabeça; e como, desde a infância, eu conhecia perfeitamente todas as estrelas do céu. ficou bastante evidente para mim que nunca houvera nenhuma estrela naquele ponto do céu, nem mesmo a menor, muito menos uma estrela tão visível e brilhante como aquela. [...] Um milagre, realmente, nunca visto antes de nosso tempo, em nenhuma era desde o início do mundo."

Tycho Brahe, 1572

O GRANDE ESQUEMA DAS COISAS

O cometa observado por Tycho Brahe em 1577, representado por Jiri Daschitzky. O cometa é visível à frente de uma nuvem espessa, refletindo a crença da época de que os cometas estavam dentro da atmosfera da Terra.

O COMETA DE BRAHE

O cometa que Brahe viu, hoje oficialmente designado C/1577 V1, foi um dos cinco cometas mais brilhantes registrados na história. É um cometa de período longo, cuja volta só é esperada daqui a milhares de anos, atualmente localizado a mais de 300 UA do Sol. (Uma UA ou Unidade Astronômica é a distância entre a Terra e o Sol.)

lares em torno do Sol. A partir dos dados meticulosos e abrangentes das observações de Brahe, Kepler deduziu em 1605 que as órbitas planetárias são elípticas e não circulares. Ele não foi o primeiro a propor isso. Tanto o astrônomo indiano Ariabata (476-550) quanto o astrônomo muçulmano Abu Ma'shar al-Balkhi (787-886) já tinham descrito a Terra numa órbita elíptica em torno do Sol. Mas nenhum deles tinha

JOHANNES KEPLER (1571-1630)

Johannes Kepler era filho de um soldado mercenário e da filha de um estalajadeiro da Suábia (sudoeste da Alemanha). Quando tinha 5 anos, seu pai morreu na guerra, e o menino cresceu na taberna do avô. Ele foi para a universidade de Tubingen, onde estudou com o grande astrônomo e matemático Michael Mästlin (1550-1631) Kepler aprendeu a astronomia ptolomaica oficial, mas, como era um aluno predileto, Mästlin também lhe apresentou o modelo coperniciano. Kepler se convenceu imediatamente da validade do modelo.

Kepler era religioso devoto e matemático talentoso. Para ele, não havia dificuldade em conciliar as duas coisas: ele considerava que Deus criara o universo de acordo com um plano matemático e que a humanidade conseguiria entender esse plano por meio da matemática. Mas a Igreja não se convencia tão facilmente, e ele foi excomungado em 1612 por crenças não ortodoxas. A excomunhão nunca foi revertida e lhe provocou muita dor. Mesmo assim, a matemática lhe deu sucesso como astrônomo: o seu foi o primeiro modelo matemático exato do sistema solar.

O primeiro modelo cosmológico de Kepler, publicado em 1596 em *Mysterium cosmographicum* (Mistérios do cosmo), era esotérico. Os números que calculou não combinavam com as observações; Mästlin teve esperanças de um ajuste melhor se Kepler obtivesse dados melhores para trabalhar. Com esse fim, ele mandou um exemplar do livro a Tycho Brahe. Brahe também acabara de escrever a Mästlin que queria um matemático assistente. Kepler ficou com o cargo, talvez uma das nomeações mais afortunadas da história da ciência.

Brahe estava velho e muito envolvido com o que chamava de "guerra com Marte", tentando entender a natureza da órbita do planeta. Ele fez muitas observações e registros detalhados da trajetória de Marte. Como se supunha que as órbitas fossem circulares, era comum fazer apenas algumas observações e depois traçar a órbita a partir das posições conhecidas e do raio. Brahe não venceu a guerra com Marte antes de sua morte em 1601; Kepler herdou todos os dados e o problema de Marte, além do cargo de Matemático Imperial. Com os dados detalhados de Brahe e seu próprio talento matemático e perseverança canina, Kepler acabou calculando que Marte tinha uma órbita elíptica, com o Sol num dos focos da elipse. Logo ele descobriu que isso poderia se aplicar aos outros planetas e publicou seus achados em 1609, no livro *Astronomia nova*, com suas duas primeiras leis planetárias (ver a página 64).

Um cubo dentro de uma esfera

Kepler adotou o modelo heliocêntrico de Copérnico como dado, mas se perguntou por que haveria seis planetas e por que estavam onde estavam. Por acreditar que o movimento dos planetas era determinado pela matemática e por meio dela poderia ser descoberto, ele abordou o problema usando geometria. Isso o levou a um modelo cosmológico estranho.

De acordo com a concepção de esferas concêntricas de Ptolomeu, Kepler também imaginou as órbitas de cada planeta fixas numa esfera, mas dessa vez em torno do Sol e não da Terra. Mas as esferas não eram as únicas formas tridimensionais envolvidas. A partir do planeta mais externo (Saturno), ele descobriu que, se definisse a órbita de Saturno como uma esfera e depois desenhasse dentro dela um cubo que apenas a tocasse e depois desenhasse outra esfera dentro desse cubo, a esfera menor definiria a órbita de Júpiter, o planeta seguinte. A forma seguinte a usar é o tetraedro — um sólido de base triangular. Se desenharmos um tetraedro dentro da esfera da órbita de Júpiter e outra esfera dentro do tetraedro, a esfera interior define a órbita de Marte. Entre as órbitas de Marte e da Terra há um dodecaedro, depois um icosaedro entre a Terra e Vênus e, finalmente, um octaedro entre Vênus e Mercúrio. Isso respondia à questão de Kepler: só poderia haver seis planetas porque, de acordo com Euclides, só há cinco sólidos convexos regulares, e havia um deles entre cada par de planetas.

Por mais improvável que pareça, o modelo de sólidos concêntricos de Kepler dava distâncias entre as órbitas planetárias que era extraordinariamente próximas das medições de Copérnico, baseadas na observação; a diferença nunca era maior do que 10%. Foram esses 10% que levaram à comunicação com Tycho Brahe e a uma frutífera parceria.

As leis de Kepler

- Kepler continuou a aprimorar seu modelo dos sólidos concêntricos e, em 1609, o elaborou na *Astronomia nova*. Mas essa não era a parte mais signifi-

---

MÉTODO DOS INDIVISÍVEIS

Em 1611, a esposa e o filho amado de Kepler morreram. Ele ficou enlouquecido, mas em 1613 voltou a se casar. Para comemorar o matrimônio, comprou um barril de vinho. E notou que o mercador calculava o volume e o preço do vinho inserindo uma varinha graduada na parte mais larga do barril, com o barril deitado. Ele pressupunha o barril cilíndrico e cobrou de Kepler esse volume de vinho — mas é claro que o barril é mais estreito nas pontas do que no meio. (Como Kepler cresceu numa estalagem, provavelmente estava acostumado ao lucro que o avô tinha com esse método de cálculo.) A experiência levou Kepler a imaginar seu "método dos indivisíveis" para calcular o volume de uma esfera em rotação. No método, um passo rumo ao cálculo diferencial, imagina-se o sólido dividido numa miríade de fatias minúsculas; calcula-se o volume de todas as fatias, que depois é somado.

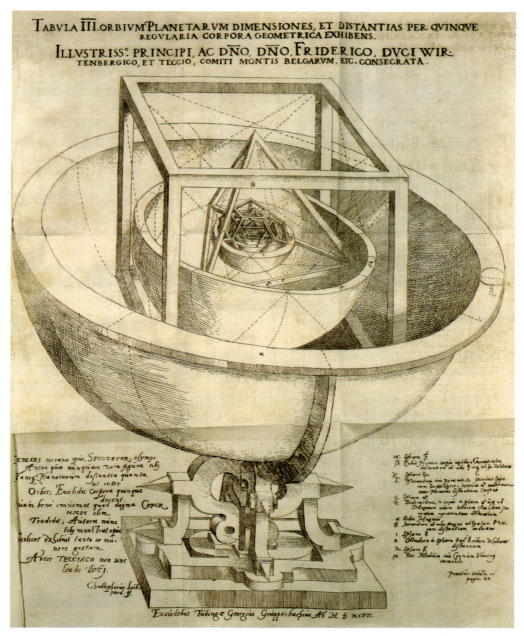

O modelo de esferas concêntricas de Kepler, imaginado antes que ele determinasse a órbita elíptica dos planetas.

cativa da obra. O mais importante do livro foi estabelecer as duas primeiras leis do movimento planetário:

- A lei das elipses: Os planetas percorrem órbitas elípticas em torno do Sol, com o centro do Sol num dos focos da elipse.
- A lei das áreas iguais: Uma linha imaginária traçada entre o centro do planeta e o centro do Sol varrerá áreas iguais em intervalos de tempo iguais. (Embora a velocidade do planeta varie e seja maior quando ele está mais perto do Sol, a área coberta é sempre a mesma em qualquer período.)

A última lei foi publicada muito depois, em 1619. Ela surgiu do trabalho posterior de Kepler com os dados de Brahe e foi chamada de lei das harmonias:

- A razão dos quadrados dos períodos de dois planetas quaisquer é igual à razão do cubo de sua distância média do Sol.

Embora suas esferas caíssem na obscuridade, as leis do movimento planetário de Kepler foram uma evolução fundamental.

As tabelas que compilou a partir dos dados que Brahe começara a coletar foram importantes não só por serem as mais exatas já publicadas, mas também num aspecto inesperado. Até então, todas as tabelas que estabeleciam o movimento dos planetas em relação às estrelas tinham se baseado no modelo geocêntrico ptolomaico do universo.

Por mais exatas que fossem as tabelas ptolomaicas quando publicadas, elas não combinavam por muito tempo com o movimento dos corpos celestes, e logo tinham de ser revistas. As tabelas de Kepler se baseavam no modelo copérnicano, e descobriu-se que eram exatas não apenas durante anos, mas durante décadas. Kepler ficaria satisfeito se soubesse disso, mas morreu três anos apenas depois da publi-

Planeta	Período (s)	Distância média (m)	T^2/R^3 (s^2/m^3)
Terra	$3{,}156 \times 10^7$ s	$1{,}4957 \times 10^{11}$	$2{,}977 \times 10^{-19}$
Marte	$5{,}93 \times 10^7$ s	$2{,}278 \times 10^{11}$	$2{,}975 \times 10^{-19}$

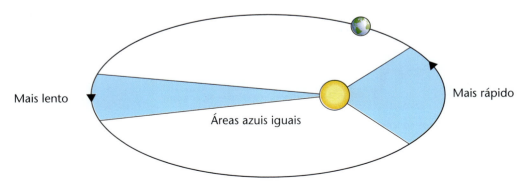

A segunda lei de Kepler mostra que um planeta que percorre uma elipse em torno do Sol cobrirá áreas iguais em períodos iguais. O planeta se move mais depressa quando está mais perto do Sol.

AS TABELAS RUDOLFINAS

O objetivo de todas as observações de Brahe e a tarefa que coube a Kepler com sua morte era compilar tabelas astronômicas. Elas mostravam a posição dos planetas em relação às estrelas fixas em datas diferentes do ano. As tabelas mais usadas na época eram as alfonsinas, encomendadas por Afonso X de Castela. Produzidas no século XIII e atualizadas intermitentemente desde então, baseavam-se no modelo ptolomaico e não eram muito precisas. A intenção de Brahe era substituí-las por tabelas exatas e abrangentes e um novo catálogo de estrelas. As tabelas foram finalmente terminadas por Kepler em 1623, usando os dados de Brahe e os seus, e publicadas em 1627. Elas receberam o nome do Sacro Imperador Romano Rodolfo II, embora já tivesse morrido na época da publicação.

No decorrer do trabalho, Kepler descobriu as tabelas logarítmicas publicadas pelo matemático escocês John Napier em 1614. Embora muitos supusessem que as tabelas de Kepler eram mais exatas do que as outras por se basear nos dados de Brahe, na prática os logaritmos eram tediosos e difíceis de usar. Kepler também incluiu mil estrelas fixas e o catálogo de Brahe de exemplos instrutivos para calcular as posições planetárias.

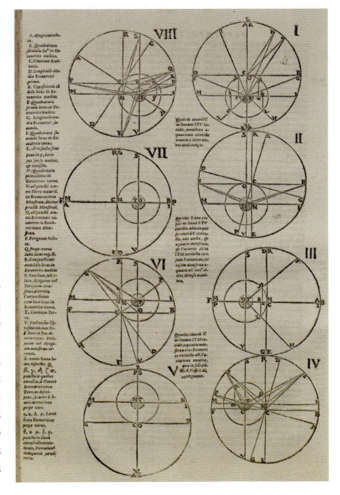

O GRANDE ESQUEMA DAS COISAS

cação. O fato de suas tabelas permanecerem exatas foi outra confirmação fundamental do modelo copernicano e ajudou a acelerar sua adoção pelos astrônomos.

A soleira da era moderna

Num daqueles momentos de acaso extraordinário, no mesmo ano em que Brahe publicava suas leis do movimento planetário o astrônomo e matemático italiano Galileu Galilei espiou os céus pela primeira vez com um telescópio de sua própria construção (ver a página 79). Esse foi o grande divisor de águas da história da astronomia. A passagem da observação a olho nu para o uso do telescópio em 1609 revolucionou e redefiniu a ciência. É extraordinário que a verdadeira natureza do sistema solar e sua relação com as estrelas fixas já fossem conhecidas, ainda

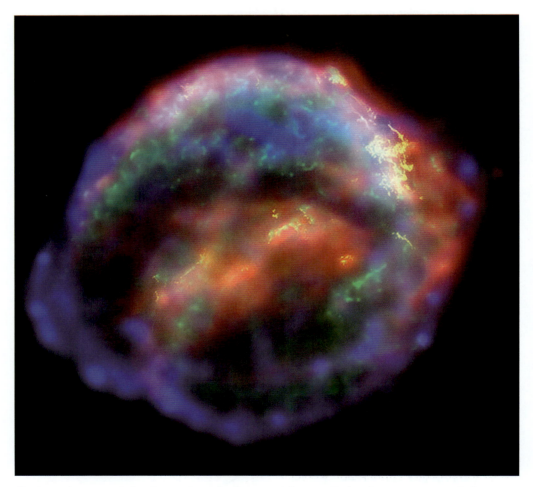

Quatrocentos anos atrás, observadores do céu como Johannes Kepler viram uma nova estrela no céu ocidental que rivalizava com o brilho dos planetas próximos. Os astrônomos de hoje, usando os três Grandes Observatórios da NASA, estão desvelando os mistérios dos restos em expansão da supernova de Kepler.

Em seu julgamento de 1633, Galileu foi considerado culpado de ensinar que a Terra se move em torno do Sol. Foi excomungado e passou o resto da vida em prisão domiciliar.

que não universalmente aceitas, antes do advento do telescópio. A cosmologia ainda tinha muito a avançar, mas o reconhecimento importantíssimo de que os planetas orbitam o Sol em trajetórias elípticas e que a matemática e não as deidades guarda o segredo de seu movimento já existia. A era do telescópio traria muito mais conhecimento sobre o que há no universo. A matemática e a mecânica começariam a explicar como tudo funciona.

Vale recordar, contudo, que apenas quatrocentos anos se passaram desde a revelação da órbita elíptica por Kepler e menos de quinhentos desde *De revolutionibus* de Copérnico. O modelo aristotélico-ptolomaico reinou pelo quádruplo do tempo. E, embora a comunidade científica se sentisse cada vez mais atraída pelo modelo copernicano, a Igreja Católica ficou cada vez mais hostil a ele no decorrer do século XVII. *De revolutionibus* foi banido em 1613; e Galileu foi excomungado em 1633 por ensinar o modelo copernicano, e seu livro também foi banido (ver a página 81). Havia muito caminho a percorrer.

> *"Sustento que o Sol se localiza no centro das revoluções dos orbes celestes e não muda de lugar, e que a Terra gira em torno de si mesma e em volta do Sol."*
> Galileu Galilei, 1616

CAPÍTULO 3

Ferramentas do
OFÍCIO

"A Terra é o berço da humanidade, mas não se pode ficar para sempre no berço."

Konstantin Tsiolkovski,
cientista espacial russo, 1895

A astronomia não é realmente propícia às formas de experimentação disponíveis nas outras ciências. Não podemos pôr os planetas numa trajetória alternativa para descobrir se a gravidade funciona melhor de outro jeito nem formar um novo planeta ou estrela para observar seu desenvolvimento. A observação e as medições continuam a ser o principal método de investigação dos astrônomos. Podemos então construir modelos matemáticos e compará-los com os dados observados para ver se combinam. Portanto, os instrumentos usados pela astronomia são ferramentas para medir e observar.

Os astrolábios foram usados durante mais de dois mil anos para localizar estrelas e planetas.

FERRAMENTAS DO OFÍCIO

Linha de visão

As primeiras pessoas a olhar o céu noturno e registrar a trajetória dos planetas e estrelas não tinham nada além dos olhos para ajudá-las. Mas, com o tempo, começaram a ser construídas ferramentas astronômicas, grandes e pequenas, para acompanhar o movimento dos corpos celestes.

Primeiras ferramentas

A ferramenta astronômica mais antiga que se conhece é o gnômon, a parte do relógio de sol que lança uma sombra. Na forma mais simples, é apenas uma vara vertical presa a uma base com as marcações apropriadas. Foi usado pelos astrônomos da antiga Babilônia e, dali, levado para a Grécia Antiga por Anaximandro no século VII a.C. O gnômon era (e ainda é) usado para encontrar a declinação do Sol. (A declinação de um corpo celeste é o número de graus de sua posição ao norte ou ao sul do equador celeste.) O gnômon é calibrado ao meio-dia na posição (latitude) do observador; é nesse ponto que a sombra do gnômon é mais curta.

Outra ferramenta simplíssima é o dioptro. Ele consiste de um tubo de visão ou uma vara com miras em ambas as pontas montado num suporte circular que permita girá-lo com precisão. Surgiu na Grécia no século III a.C. Se a borda do suporte for marcada em graus, o dioptro pode ser usado para medir o ângulo da posição das estrelas. Essas ferramentas são simplíssimas e tornam ainda mais espantosa a sofisticação do próximo instrumento mais antigo.

O gnômon do relógio de sol é a ferramenta astronômica mais simples e antiga.

LINHA DE VISÃO

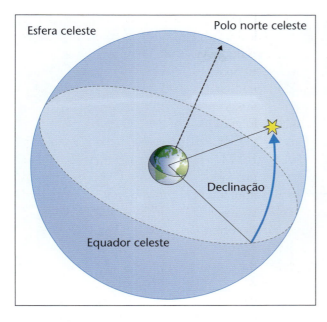

O polo norte celeste fica diretamente acima do polo norte da Terra; o equador celeste segue à distância o equador da Terra; a declinação do Sol ou de uma estrela é seu ângulo em relação ao equador celeste na direção do polo celeste.

Um computador celeste

Em 1900, pescadores de esponjas do Mar Egeu, ao largo da ilha grega de Anticítera, descobriram um naufrágio datado do século I a.C. Entre os muitos artefatos no naufrágio havia um que foi chamado de Mecanismo de Anticítera. Durante décadas, a função desse aglomerado de metal corroído permaneceu obscuro. Apesar da corrosão, era claro que já tivera um sistema complexo de engrenagens e era uma máquina finamente usinada. Na verdade, ele parecia tão deslocado no antigo naufrágio que alguns até afirmaram ser um objeto "fora do tempo" — um item tão distante de seu ambiente cronológico/arqueológico correto que já se sugeriram viagens no tempo ou intervenção de extraterrestres para explicá-lo.

O Mecanismo de Anticítera, hoje no Museu Nacional de Atenas.

Acontece que a explicação é menos imaginosa, embora ainda extraordinária. em 2006, cientistas britânicos e gregos que trabalhavam juntos descobriram que o mecanismo é uma máquina para calcular a posição exata do Sol, da Lua e dos planetas no céu. Ele tem um sistema de trinta engrenagens finamente graduadas, giradas por um cabo lateral. Deveria estar montado num estojo de madeira (fragmentos da madeira permanecem) e tinha mais ou menos o tamanho de um relógio de mesa. Como o relógio, tinha um grande mostrador na frente. Sete ponteiros se moviam para reproduzir

71

FERRAMENTAS DO OFÍCIO

A recriação do Mecanismo de Anticítera mostra seu funcionamento; à esquerda, de cima para baixo, uma foto, uma radiografia e um modelo computadorizado da relíquia.

o movimento do Sol, da Lua e dos cinco planetas conhecidos. Uma bolinha preta e prateada girava para mostrar as fases da Lua, reproduzindo até as mudanças da velocidade da Lua num ciclo de nove anos. Inscrições revelam que os ponteiros (hoje perdidos) tinham representações gráficas — o Sol tinha uma bola de fogo, Marte uma bola vermelha. O movimento reproduzia o efeito dos epiciclos (descritos por Ptolomeu). Havia dois mostradores adicionais na traseira do mecanismo. Um servia de calendário e o outro era usado para prever eclipses solares e lunares. É provável que o mecanismo date dos séculos I ou II a.C., possivelmente de Rodes.

Modelagem do globo celeste

Nada remotamente comparável voltaria a ser construído nos próximos 1600 anos (quando Blaise Pascal fez a primeira calculadora mecânica). O Mecanismo de Anticítera continua a ser um achado sem igual; se outros astrônomos tiveram instrumentos semelhantes, não resta registro nem indício deles. Em vez disso, dois outros tipos de modelo mecânico do universo eram usados para representar e explorar o céu noturno, um que funcionava em três dimensões, outro que funcionava em duas: a esfera armilar e o astrolábio. Muitas vezes ornamentados e produzidos com atenção, faltava-lhe a complexidade e o alcance do Mecanismo, mas eles foram criados e usados durante muitos séculos.

A esfera armilar

De acordo com o astrônomo e matemático grego Hiparco (190-120 a.C.), a esfera armilar foi inventada por Eratóstenes (276-194 a.C.). Consiste de uma esfera central que representa a Terra, cercada por uma série de aros que formam um tipo de esqueleto de esfera. Esta esfera representa círculos importantes para medir ângulos no céu. Ela era ajustada à posição do observador alinhando-se corretamente o aro que representava o meridiano (uma linha imaginária que corre perpendicular ao horizonte) com um eixo norte-sul e depois encontrando uma estrela cuja posição na eclíptica fosse conhecida. Assim poderiam ser encontradas as coordenadas na eclíptica dos outros corpos celestes.

É possível que uma esfera armilar simples fosse usada na China um pouco antes (durante o século IV a.C.), mas há contestações. No entanto, sabe-se que uma forma simples com um único aro era utilizada na China no século I a.C. Um segundo anel equatorial foi acrescentado por Geng Shou-chang em 52 a.C., e a armilar foi ainda mais aperfeiçoada pelo grande astrônomo Zhang Heng. Sua armilar final era de bronze, com 5 m de diâmetro, movida por um relógio d'água e engrenagens para girar lentamente. Tinha um tubo central usado para alinhar as estrelas e planetas.

Na Europa, as primeiras esferas armilares também tinham apenas um ou dois aros. É provável que Eratóstenes tivesse uma esfera armilar no século III a.C., com um aro representando o plano do equador cruzado por outro que representava o meridiano. As esferas armilares ficaram cada

A esfera armilar tem no centro um modelo da Terra e aros que representam círculos importantes, como a eclíptica, o equador celeste e o meridiano.

73

FERRAMENTAS DO OFÍCIO

ZHANG HENG (78-139 D.C.)

Zhang Heng nasceu numa família importante da dinastia Han. Formado primeiro como escritor, por volta dos trinta anos ele voltou sua atenção para a ciência. Foi competente como astrônomo, matemático e engenheiro e inventou o primeiro odômetro (para medir distâncias) e o primeiro sismoscópio (que reage a movimentos sísmicos e alerta para a iminência de terremotos). Ele considerava que o universo se originou do caos. Demonstrou que a Lua não brilha com luz independente e reflete a luz do Sol e tinha consciência de que o espaço podia ser infinito. Em 123 d.C., ele também corrigiu o calendário chinês e o alinhou com as estações do ano. Zhang remapeou mais de duas mil estrelas e acrescentou à sua gigantesca esfera armilar um dispositivo mecânico para mostrar as fases da Lua. Ele dividiu as estrelas em 124 constelações e deu nome às 320 estrelas mais brilhantes. Sabia que seu mapa não era completo e dizia que há 11.520 estrelas menos brilhantes.

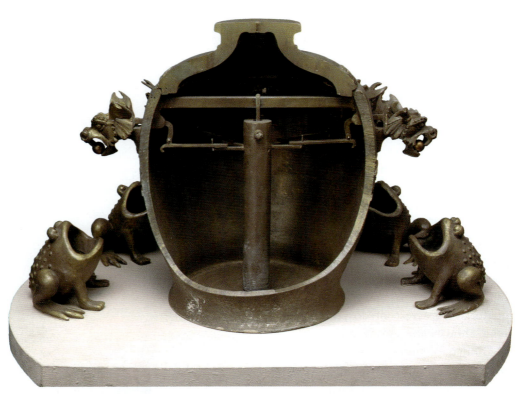

Um corte do sismoscópio de Zhang Heng mostra seu funcionamento: um pêndulo ligado à haste que liga a boca dos dragões é deslocado por um tremor ou terremoto, abrindo a boca de um dragão e soltando a bola na boca do sapo embaixo. A direção do terremoto é indicada pelo sapo que recebe a bola.

vez mais complexas, com mais aros para representar outras características importantes, como a eclíptica. No século II d.C., Ptolomeu descreveu sua esfera armilar no *Almagesto* e falou de seis aros. Essa foi a primeira descrição completa de uma esfera armilar. As esferas armilares, cada vez mais complexas, continuaram a ser usadas até meados do século XVI; algumas eram objetos lindamente ornamentados.

Astrolábio

Enquanto a esfera armilar é tridimensional, o astrolábio é um mapa bidimensional do céu. Ele usa discos móveis e marcas gravadas para ajudar o observador a localizar objetos visíveis em sua posição na hora adequada. É inevitável que a projeção da abóbada hemisférica do céu numa superfície plana provoque distorções. Talvez seja um reconhecimento disso a lenda árabe de que o primeiro astrolábio foi feito acidentalmente por Ptolomeu. De acordo com a história, Ptolomeu usava sua esfera armilar montado num burro (o que, sem dúvida, corresponde a dirigir sem o devido cuidado e atenção) e a deixou cair; o animal a pisou, esmagando a esfera tridimensional num disco plano. Não se sabe direito quando o astrolábio surgiu. Já se creditou sua invenção a Hipácia, que viveu em Alexandria no século IV a.C., e a Apolônio de Perga, no século II ou III a.C., na Grécia. O astrolábio mais antigo a sobreviver é islâmico e data de 927 ou 928, portanto é impossível saber exatamente como eram os anteriores.

O astrolábio tem uma placa circular traseira chamada "madre", com os graus marcados na borda. Um tímpano ou dis-

Ptolomeu com sua esfera armilar, imaginado por um artista de 1476.

co gravado com os círculos de altitude e azimute (latitude celeste) se prende na madre. Acima desses dois vem a chamada "aranha" metálica, que marca a posição das estrelas brilhantes. Ela parece uma filigrana ornamentada e é bem delicada, já que as estrelas estão espalhadas por todo lado, mas o tímpano atrás tem de permanecer visível; assim, finos tentáculos de metal se estendem para o espaço como ponteiros para mostrar a posição das estrelas.

O usuário encontra a altitude de uma estrela brilhante usando um aparelho de mira, parte integrante do astrolábio ou separado, e gira a aranha até a estrela se alinhar com a altitude correta na roda. Nesse

FERRAMENTAS DO OFÍCIO

Os componentes do astrolábio: a madre está no centro, a aranha, no alto à esquerda e os tímpanos, arrumados em torno da madre.

momento, todas as outras estrelas da aranha estarão na posição correta para aquela hora e latitude, e o usuário poderá passar uma noite alegre apontando estrelas.

A serviço de Alá

Os astrônomos árabes eram movidos pela necessidade islâmica de saber a hora e o local com precisão. As cinco sessões diárias de oração tinham de ocorrer em posições específicas do Sol, e a direção de Meca tinha de ser conhecida em qualquer ponto do mundo islâmico para que o fiel rezasse voltado para a cidade sagrada. O calendário islâmico se baseia no ciclo lunar, e medir e prever o movimento da Lua também era importante. Havia muito trabalho para os astrônomos. As exigências da astronomia também impulsionaram o progresso da matemática, principalmente da trigonometria. Os astrônomos árabes desenvolveram instrumentos gigantescos para fazer medições mais precisas e construíram observatórios bem equipados, operados por muitos astrônomos especializados.

TRATADO DE CHAUCER SOBRE O ASTROLÁBIO

O escritor inglês Geoffrey Chaucer (c. 1343-1400), mais famoso pelos *Contos de Canterbury*, escreveu o *Treatise on the Astrolabe* para explicar a uma criança pequena como fazer e usar um astrolábio. É o primeiro manual técnico escrito em inglês. Sua popularidade (muitas cópias manuscritas nos restaram) indica o intenso interesse pela astronomia nas classes média e alta, que podiam se dar ao luxo de mandar copiar manuscritos.

A SERVIÇO DE ALÁ

A PARTIR DE PTOLOMEU

Embora concordassem com Ptolomeu que o movimento dos corpos celestes resulta de leis naturais, os árabes discordavam dele em alguns detalhes. Al-Battani (858-929) foi um dos primeiros a encontrar erros em Ptolomeu. Seu *Klitabal-Zij* indicou alguns desses erros na descrição do movimento planetário. Ele também descobriu que o apogeu solar (o afélio, ponto em que a Terra está mais longe do Sol) se desloca lentamente, que a eclíptica é inclinada e que os gregos calcularam erradamente a taxa de precessão.

Os erros e incoerências encontrados pelos astrônomos do século IX que investigaram o texto de Ptolomeu e o compararam com suas observações provocaram uma abordagem mais crítica e meticulosa. Eles fizeram medições ainda mais precisas nos séculos seguintes, mas seus refinamentos não tornaram a compreensão do lugar da Terra no céu mais exata do que a versão de Ptolomeu.

Astrônomos trabalham no observatório de Taqi ad-Din, em Istambul, concluído em 1577. Foi destruído em 1580 como reação às objeções aos prognósticos (profecias de eventos futuros).

Instrumentos gigantescos

Em Samarcanda, no Uzbequistão, uma trincheira corre ao longo do chão do que, antigamente, era um grande observatório pertencente ao astrônomo Ulugh Beg (1394-1449). A trincheira, ladeada por lajes de mármore, é tudo o que resta de seu gigantesco quadrante astronômico, instrumento que determina o ângulo de elevação dos corpos celestes. Com um raio de cerca de 40 m, é o maior que se conhece. Em seu apogeu, o quadrante de Beg traçava um quarto de círculo, correndo pela trincheira no chão e subindo pela parede curva. Era marcado em graus, mi-

FERRAMENTAS DO OFÍCIO

nutos e segundos, formando, em essência, um transferidor gigante. No alto da parede oposta havia uma pequena seteira, bem no centro do círculo definido pelo quadrante. Os astrônomos que trabalhavam no observatório usavam o quadrante gigantesco com sua seteira para registrar as posições das estrelas ou do Sol. Com ele, Beg e seus colegas al-Kashi e Ali Qushji compilaram um extraordinário catálogo de 992 estrelas, o *Zij-i Sultani*, que superou o de Ptolomeu em 1437.

O quadrante oferece uma variação de 90 graus; o sextante cobre 60 graus. De modo confuso, é comum classificar os dois juntos e até chamar quadrantes de "sextantes". O primeiro sextante mural (construído em pisos e paredes, como o de Samarcanda) foi feito por Abu-Mahmud al-Khujandi em 994. Os sextantes de pedestal eram menores, mas podiam ser deslocados.

O quadrante gigante de Beg tinha a vantagem de que, por ser tão grande, permitia maior resolução e, assim, era mais preciso do que todos os instrumentos anteriores. Seu observatório calculou a duração do ano em 365 dias, 5 horas, 49 minutos e 15 segundos, com erro de apenas 25 segundos. Os cálculos de seus astrônomos para os movimentos de Saturno, Júpiter, Marte e Vênus diferem dos valores modernos em apenas 2 a 5 graus.

Astrolábios para estrelas e planetas

Os astrônomos árabes copiaram o astrolábio dos gregos e o aprimoraram, usando-o para encontrar a direção de Meca, a data do início do Ramadã e o horário das orações diárias. (Os astrolábios podiam ter horas marcadas na borda; depois de encontrar uma estrela de referência e alinhar o mecanismo, era possível ler a hora.) O astrolábio árabe mais antigo conhecido data de 927-928. Al-Zarqali (1029-1087) fez um astrolábio que não dependia da localização e podia ser usado em qualquer lugar. Ficou conhecido na Europa pelo nome "Açafea".

Al-Zarqali também fez um equatório, um aparelho parecido com o astrolábio, mas usado para encontrar as posições do Sol, da Lua e dos planetas em vez das estrelas. O filósofo grego Proclo (412-485 d.C.) também descreveu um aparelho desses e o modo de construí-lo. Era um instrumento que continuou a ser feito na Europa, mas era mais difícil de usar e menos útil do que o astrolábio (pois não lidava com as estrelas). Por ser menos comum, poucos exemplos nos restaram. Parece ter sido empregado predominantemente com propósitos astrológicos.

Um novo jeito de olhar

Se houver um único momento capaz de marcar o início da astronomia moderna,

---

A ABERTURA DO CÉU

Embora os cientistas árabes avançassem muito na óptica e na fabricação de lentes e os astrônomos árabes fizessem medições e observações extraordinariamente exatas do céu noturno, eles nunca somaram dois mais dois para fazer um telescópio. Esse passo foi dado séculos depois na Europa.

UM NOVO JEITO DE OLHAR

> **O AR ATRAPALHA**
>
> Ibn al-Haytham (965-1039) mediu a espessura da atmosfera da Terra e calculou seu efeito sobre as observações astronômicas. A interferência atmosférica também atrapalhou os astrônomos posteriores que usavam telescópios e só foi finalmente superada no século XX, com o desenvolvimento de telescópios situados no espaço, fora da atmosfera.

será a primeira vez que Galileu Galilei olhou por seu telescópio recém-feito e viu as características da Lua, as luas de Júpiter e a Via Láctea transformada numa faixa de estrelas. Aquele momento em que ele deve ter percebido que a Terra não é o único mundo do universo redefiniu o que é sermos humanos.

Em 1609, Galileu recebeu uma carta do amigo e matemático Paolo Sarpi que falava da invenção do telescópio. Sarpi vira um deles exposto em Veneza. Galileu decidiu fazer o seu e logo construiu um aparelho que fazia os objetos parecerem estar "a um terço da distância e nove vezes maiores do que quando vistos apenas a olho nu". Seu telescópio tinha duas lentes encaixadas num tubo de chumbo. As lentes tinham um lado plano, uma delas côncava, a

Em seu Æquatorium astronomicum (1521), Johannes Schöner apresentava modelos para o leitor recortar e fazer um equatório do planeta Saturno.

FERRAMENTAS DO OFÍCIO

GALILEU GALILEI (1564-1642)

Galileu Galilei foi um dos maiores intelectos numa época de grandes intelectos. Estimulado pelo pai a estudar medicina, o jovem Galileu foi para a universidade de Pisa, mas passava muito tempo frequentando aulas de matemática, que achava mais compensadoras. Finalmente, ele saiu de Pisa sem o diploma de médico e passou muitos anos ensinando matemática.

Já interessado em astronomia, Galileu era obrigado a ensinar o modelo ptolomaico geocêntrico convencional, mas pessoalmente estava convencido da correção do modelo coperniciano. Ele escreveu a Kepler dizendo isso em 1598. Em 1604, Galileu deu três aulas públicas em que defendeu que a nova estrela vista naquele ano, hoje conhecida como supernova de Kepler (ver a página 66), ficava além do reino dos planetas e, portanto, demonstrava que Aristóteles estava errado sobre a natureza imutável do céu. Mas, fora isso, permaneceu diplomaticamente discreto sobre suas opiniões copernicianas.

O trabalho de Galileu na matemática tendia à mecânica. Ele formulou a lei da queda dos corpos e determinou que a trajetória de um projétil é parabólica. Então, em maio de 1609, ouviu falar da invenção do telescópio e começou a fazer o seu. A princípio, ele viu o uso militar e comercial nos navios, mas depois percebeu que poderia usá-lo para ver o céu. Assim começou sua carreira de primeiro astrônomo a usar um telescópio.

Numa ação de esperteza brilhante, Galileu cedeu o direito de construir telescópios ao Estado veneziano em troca de um aumento de salário. Isso foi um pouquinho desonesto: ele não inventara o telescópio, não tinha direito sobre ele e não seria possível impor nenhuma restrição sobre a feitura do aparelho. A vantagem não durou muito, apenas o suficiente. Em 1610, na época em que o Estado congelou seu salário, ele já tinha publicado o livrinho *Sidereus nuncius* ("O mensageiro das estrelas") sobre seus achados e impressionado Cosimo de Medici, de Florença, que o nomeou "matemático e filósofo" oficial. O livro causou sensação, e Galileu foi festejado como celebridade. Ele continuou suas observações e encontrou (mas não identificou corretamente) os anéis de Saturno e descobriu que Vênus, como a Lua, tem fases. Mas os problemas não tardaram.

Adversários de Galileu passaram uma de suas cartas para a Inquisição, o tribunal da Igreja encarregado de suprimir heresias. Nela, Galileu falava do conflito percebido entre o sistema coperniciano e os ensinamentos da Bíblia e que esta devia ser interpretada à luz dos achados científicos. Nessa ocasião, a Igreja não achou nada a objetar, pois consideravam a teoria de Copérnico um modelo matemático conveniente e não uma declaração de fatos (ver a pági-

UM NOVO JEITO DE OLHAR

na 54). Mas outra carta não foi recebida com tanta calma. Em 1616, Galileu escreveu à grã-duquesa de Lorraine e defendeu que a teoria copernicana era literalmente verdadeira e que a Bíblia fazia um relato não literal. Isso invertia a posição nominalista negociada por Buridan no século XIII e constituía um questionamento direto da autoridade bíblica. A Igreja examinou a teoria copernicana e a condenou. *De revolutionibus*, o livro de Copérnico, foi banido, e Galileu proibido de defender e ensinar a teoria.

Galileu esperava que a situação melhorasse em 1623, quando Urbano VIII, papa simpático às suas opiniões, foi eleito, e começou a escrever o *Dialogo sopra i due massimi sistemi del mondo* ("Diálogo sobre os dois principais sistemas do mundo"), que compara os sistemas copernicano e ptolomaico e conclui a favor do copernicano. Em 1632, quando Galileu finalmente publicou o livro, a Igreja não gostou. Esperava-se que ele produzisse um tratado puramente teórico que desse igual peso a ambos os argumentos. Galileu foi convocado a Roma, julgado e considerado culpado de heresia e de desobedecer à proibição de 1616. Foi condenado a prisão perpétua, que assumiu a forma de prisão domiciliar permanente. Ele terminou seus dias com a saúde abalada, cego e privado da companhia da filha mais querida, que morreu em 1634.

Em 1992, o papa João Paulo II admitiu que a Igreja errou no caso de Galileu e considerou o caso encerrado, mas não derrubou a condenação por heresia.

outra convexa. A lente côncava era a ocular. Esses primeiros telescópios permitiam ampliações de oito vezes, mas Galileu logo aprimorou o projeto para obter ampliação de vinte vezes.

Dizem que, nos meses de dezembro de 1609 e janeiro de 1610, Galileu fez mais descobertas que mudaram o mundo do que qualquer outra pessoa em toda a história. Embora Copérnico e Kepler já tivessem escrito sobre o modelo heliocêntrico do sistema solar, eles escreviam em latim, enquanto Galileu escrevia em italiano, e isso tornou seus achados revolucionários acessíveis a um público mais amplo na Itália.

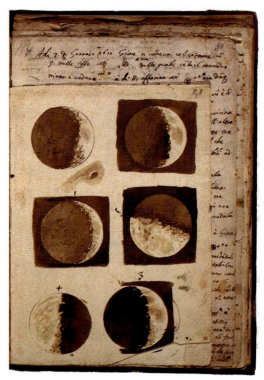

As aquarelas de Galileu, produzidas em novembro e dezembro de 1609, foram as primeiras imagens realistas da Lua.

FERRAMENTAS DO OFÍCIO

> *"Cerca de dez meses atrás, chegou a meus ouvidos a notícia de que um certo Fleming construiu uma luneta por meio da qual objetos visíveis, embora muito distantes do olho do observador, eram vistos distintamente como se estivessem próximos."*
>
> Galileu, 1610

Melhorar uma coisa boa

Em 1611, Kepler descreveu um telescópio não testado que trocava a lente côncava de Galileu por outra convexa. Isso reduziria a aberração esférica (a indistinção causada por qualquer lente curvada como uma esfera), permitindo uma imagem menos distorcida, mas de cabeça para baixo (ver o quadro ao lado). Embora descrevesse as vantagens, até onde sabemos Kepler não fez um telescópio desses. O físico e astrônomo Christoph Scheiner foi a primeira pessoa a fazê-lo e descreveu o instrumento em 1630. Mesmo assim, os telescópios keplerianos só passaram a ser mais usados em meados do século XVII. O primeiro a tirar vantagem considerável do projeto foi Christiaan Huygens.

Maior nem sempre é melhor

Os telescópios de Galileu tinham apenas 120 cm em seu ponto mais comprido, mas Johannes Hevelius (1611-1687), um cervejeiro polonês transformado em astrônomo, ampliou o princípio. Ele sabia que, quanto mais plana a objetiva, mais nítida a imagem — mas isso também exigia uma distância focal maior. Em 1647, ele fez um telescópio de 3,6 m de comprimento com ampliação de 50 vezes. Inspirado por esse sucesso, pôs-se a construir telescópios ainda mais compridos. O maior tinha 45 m de comprimento. Infelizmente, era quase impossível de usar. Era comprido demais para um tubo de metal pesado (e caro), e ele fixou as lentes num cocho comprido de madeira e suspendeu a coisa toda de um mastro com 27 m de altura. Era controlado apenas por um sistema de cordas. Mas balançava com a mais leve

A aberração cromática é o resultado de raios de luz de diversos comprimentos de onda que são refratados de forma diferente pela mesma lente. O foco dos raios azuis fica mais perto da lente (convexa), e o dos vermelhos mais distante, produzindo uma imagem desfocada.

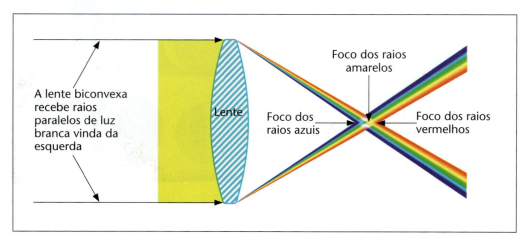

UM NOVO JEITO DE OLHAR

VISÃO DE LONGE

Há dois tipos básicos de telescópio óptico: o refrator e o refletor. Os imensos e sofisticados telescópios ópticos dos observatórios modernos ainda usam esses mesmos princípios básicos.

O telescópio de Galileu era refrator. A luz entra no tubo do telescópio e é focalizada por uma lente, que reúne e concentra a luz, de modo que mais dela atinge o olho; isso permite ao observador ver mais detalhes. As lentes são duas. A objetiva, na extremidade mais distante do telescópio, é convexa e focaliza a luz. A ocular, perto do olho do observador, é côncava e "endireita" novamente os raios convergentes de luz antes que cheguem ao olho.

O aprimoramento de Kepler pôs uma segunda lente convexa na ocular. Assim, o ponto focal da objetiva era diante da segunda lente, com a imagem refocalizada por esta última. Como os raios de luz se cruzam entre as duas lentes, a imagem fica invertida.

O telescópio refletor usa um espelho convexo no lugar da lente objetiva. A grande diferença é que, dessa vez, a luz entra no telescópio pela extremidade oposta (perto do olho do observador). Um espelho côncavo (primário) focaliza a luz num segundo espelho (secundário), inclinado para refletir a imagem sobre a ocular, uma lente convexa que a endireita a imagem antes que chegue ao olho do observador.

Como os diversos comprimentos de onda (cores) da luz são refratados de forma diferente mas refletidos do mesmo modo, o telescópio refletor permite uma imagem mais precisa, com menos interferência do que a do telescópio refrator.

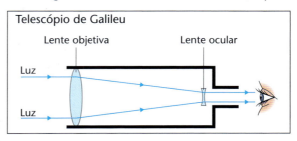

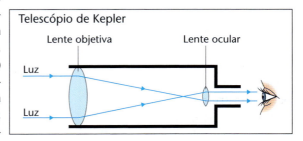

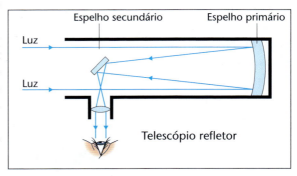

83

FERRAMENTAS DO OFÍCIO

brisa, e a madeira e as cordas se dilatavam e contraíam com as mudanças de umidade e temperatura e exigiam reajuste constante. Às vezes, desmoronava completamente. Além disso, como tinha de ser usado à noite (obviamente), todos esses ajustes tinham de ser feitos no escuro. Não surpreende que raramente fosse usado.

Outra evolução do final do século XVII foi o telescópio aéreo. Era montado numa rótula esférica, numa estrutura alta, como uma árvore ou um mastro, e ligado à ocular por uma corda ou vara. O observador segurava a ocular e usava a corda ou vara para mover o telescópio.

Sobre a reflexão

Para um aperfeiçoamento realmente significativo, seria necessário um novo tipo de telescópio: o de reflexão. Em 1672, o matemático e polímata inglês Isaac Newton (1642-1727) demonstrou para a Royal Society um telescópio de reflexão. Newton conseguira fazer um espelho esférico convexo com uma liga de cobre e estanho e o usou para construir um telescópio com ampliação de quarenta vezes. Funcionava bastante bem, mas outras pessoas tiveram dificuldade de fazer os espelhos. Consequentemente, os telescópios refletores não tiveram muito progresso até 1717, quando John Hadley fez um deles com um espelho parabólico em vez de esférico. Ele conseguiu uma ampliação de cerca de duzentas vezes e também produziu um novo tipo de montagem, chamada de "alt-az" (altitude-azimute ou altazimute), usada para mover o telescópio na horizontal e na vertical ao mesmo tempo.

No mesmo século XVIII, o astrônomo anglo-germano William Herschel (1738-1822) começou a fazer telescópios. Ele começou com os refratores, mas passou aos refletores para evitar as dificuldades dos tubos compridos. Isso foi irônico, porque seu maior telescópio refletor era imenso. Com seus doze metros de comprimento, era mais curto do que muitos refratores anteriores, mas a montagem ocupava um espaço enorme. Para usá-lo, Herschel sentava-se, perigosamente, no alto da estrutura construída em torno do telescópio. Seu primeiro refletor era modesto e media 2,1 m, mas com ele o astrônomo descobriu o planeta Urano e se tornou famoso da

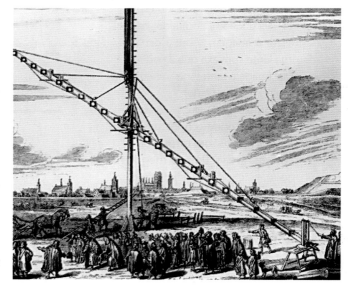

O gigantesco telescópio de Hevelius parecia dramático, mas não era muito fácil de usar.

O telescópio de 12 m de Herschel era desajeitado e de uso difícil; em geral, ele preferia o modelo menor.

noite para o dia. Com o salário de duzentas libras que lhe foi concedido pelo rei Jorge III pela descoberta, ele se dedicou em tempo integral à astronomia e construiu telescópios maiores, de 6 m e 12 m, e passou muitas noites frias empoleirado numa plataforma sob seu imenso telescópio. Na verdade, o telescópio de 12 m era menos útil e, portanto, foi menos usado do que a versão de 6 m, que passou a ser seu telescópio de trabalho na maioria das noites. O espelho do telescópio de 12 m precisava de polimento frequente, e o tubo tendia a encurvar; Herschel não o usou depois de 1815.

De volta à refração

Os telescópios refratores voltaram a ser populares na década de 1750, quando o óptico inglês John Dolland desenvolveu uma lente que eliminava a aberração cromática. Ela combinava uma lente côncava a outra convexa de densidade diferente, e a segunda corrigia a aberração produzida pela primeira. Mas ainda não era possível produzir vidro de qualidade suficiente para fabricar lentes grandes. Esse problema foi resolvido em 1805 por Pierre Louis Guinand, fabricante de vidros suíço. Ele foi a Munique, onde transmitiu seu método ao óptico aprendiz Joseph von Fraunhofer (1787-1826), que fez excelentes telescópios refratores. Fraunhofer inventou a montagem equatorial, que permitia mover o telescópio em todas as direções para focalizar qualquer parte do céu. Um mecanismo com engrenagens permitia movê-lo a uma velocidade que se igualasse exatamente ao movimento aparente das estrelas, para acompanhar estrelas específicas no decorrer da noite.

Embora morresse com 39 anos, Fraunhofer foi o primeiro a examinar as linhas espectrais produzidas pelas estrelas. Essa foi uma descoberta importantíssima que preparou o cenário para o próximo capítulo do desenvolvimento da astronomia.

FERRAMENTAS DO OFÍCIO

Linhas no escuro e na luz

O vidro óptico que Fraunhofer produzia estava entre os melhores do mundo e foi usado nos melhores telescópios. Ele também fez prismas de vidro. Em 1814, Fraunhofer descobriu que, se usasse um de seus prismas para dividir a luz do Sol, veria algo além do esperado espectro de cores. O espectro era atravessado por linhas pretas finas — 547 delas, na verdade. Ele descobriu que a luz das estrelas também produzia um espectro com linhas pretas, mas não nos mesmos lugares do espectro solar. Quando usou suas lentes para olhar as chamas de gases ardentes, descobriu que alguns produziam um espectro com linhas nos mesmos lugares de algumas do espectro do Sol. Mas Fraunhofer não investigou melhor sua descoberta; estava ocupado demais fabricando vidro para dedicar tempo a um projeto científico sobre o qual pouco sabia. Durante cinquenta anos, as linhas espectrais continuaram sem ser explicadas.

Então, na década de 1850, dois químicos alemães se dispuseram a explorar melhor o fenômeno que Fraunhofer registrara. Eram Robert Bunsen (1811-1899), inventor do bico de Bunsen, e o físico Gustav Kirchhoff (1824-1887), que trabalhavam juntos na Universidade de Heidelberg. Eles construíram um espectroscópio com um prisma central e um conjunto de telescópios em miniatura. Com o bico de Bunsen para aquecer substâncias, usaram o espectroscópio para examinar a luz que vinha dos gases produzidos e constataram que cada um produzia uma série de faixas de luz de cores vivas. Essas faixas de luz, hoje chamadas de espectro de emissão, eram o inverso das linhas escuras, ou espectro de absorção, que Fraunhofer observara. Quando fizeram a luz de fundo passar pela chama, Bunsen e Kirchhoff conseguiram um espectro de absorção, com linhas escuras exatamente nos mesmos lugares das faixas luminosas do espectro de emissão.

Eles investigaram dessa maneira um elemento de cada vez e montaram um banco de referência de espectros — na verdade, a impressão digital espectral de cada elemento conhecido. Finalmente ficou claro que Fraunhofer descobrira um jeito de investigar a composição química das estrelas.

Imagens duradouras

Um catálogo espectroscópico exige a fotografia, mas esse não foi o único benefício da fotografia para os astrônomos. A fotografia revolucionou a astronomia ao oferecer a oportunidade de registrar eventos transientes com exatidão, preservando dados para serem comparados no decorrer do tempo. A primeira tentativa de fotografar um objeto astronômico foi de Louis Daguerre, que inventou o daguerreótipo em 1839. Sua fotografia da Lua

> "No momento, estou ocupado com uma investigação com Kirchoff que não nos permite dormir. Kirchoff fez uma descoberta totalmente inesperada, visto que encontrou a causa das linhas escuras no espectro solar e consegue produzir essas linhas artificialmente, intensificadas tanto no espectro solar quanto no espectro contínuo de uma chama, sua posição sendo idêntica à das linhas de Fraunhofer. Assim, o caminho se abriu para a determinação da composição química do Sol e das estrelas fixas."
>
> Robert Bunsen, 1859

ESPECTROS DE EMISSÃO E ABSORÇÃO

As linhas de emissão aparecem quando, no átomo, um elétron cai para uma órbita mais baixa (mais próxima do núcleo) e perde energia. As linhas de absorção aparecem quando o elétron se move para uma órbita mais alta e absorve energia. O espaçamento e a localização das linhas são diferentes nos diversos elementos, e assim é possível identificar um elemento a partir de seu espectro. Com o exame dos padrões de comprimento de onda da radiação eletromagnética dos corpos celestes, os astrônomos conseguem descobrir detalhes de sua composição, densidade, rotação e temperatura.

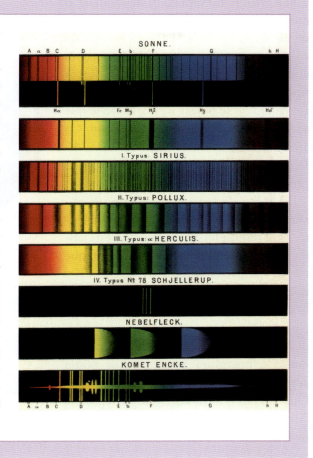

era uma mancha indistinta, já que manter o equipamento focalizado durante a longa exposição era difícil demais. John Draper, professor de química de Nova York, teve mais sorte no ano seguinte, com uma exposição de vinte minutos. O Sol e um eclipse solar foram fotografados com sucesso na década seguinte. A primeira fotografia de uma estrela foi tirada em 1850 no Observatório de Harvard, com exposição de cem segundos para produzir uma imagem de Vega, a segunda estrela mais brilhante do hemisfério norte. O primeiro espectrograma de uma estrela foi fotografado em 1863. Com a astrofotografia estabelecida, muito mais se tornou possível.

A escuridão visível

A luz é apenas uma porção do espectro eletromagnético (ver o quadro da página 88) e só representa uma parte pequena da radiação eletromagnética emitida pelas estrelas. Por ser a parte que conseguimos ver e que nossos ancestrais foram capazes de observar durante milênios, ela definiu o modo como pensamos o céu noturno e

FERRAMENTAS DO OFÍCIO

o universo. A desvantagem de modelar o universo em torno dos objetos que conseguimos ver — que emitem luz visível — é que perdemos muitas informações e até objetos inteiros que emitem outros tipos de radiação não visível. Outra desvantagem de se basear na luz visível é que só podemos olhar as estrelas à noite. Os astrônomos que trabalham com tipos diferentes de radiação eletromagnética não precisam esperar que escureça.

O lugar da luz num espectro eletromagnético maior foi revelado por acidente. Em 1800, Herschel estava investigando a luz na esperança de descobrir que cor da luz visível produzia mais calor. Ele usou um prisma de vidro para dividir a luz branca em suas cores constituintes e registrou com um termômetro a temperatura de cada uma das faixas de cor. E descobriu que a temperatura aumentava da ponta azul do espectro para a ponta vermelha. Quando pôs o termômetro logo depois da faixa vermelha, ele registrou a temperatura mais alta de todas e descobriu o infravermelho.

Primeira fotografia detalhada da Lua cheia, tirada por John William Draper em 1840.

No ano seguinte, o físico alemão Johann Ritter (1776-1810) descobriu o ultravioleta. Ele decidiu procurar a luz (radiação) na outra extremidade do espectro e para isso usou papel fotográfico (papel revestido com cloreto de prata). E descobriu que o papel ficava preto mais prontamente quando posto além da luz roxa do espectro.

RADIAÇÃO ELETROMAGNÉTICA

A luz visível é apenas uma forma de radiação eletromagnética — energia transmitida em ondas e capaz de viajar através do vácuo. Essa energia é transmitida como simples vibrações nos campos elétrico e magnético. A luz parece especial porque podemos vê-la, mas na verdade ela é apenas um pedacinho de uma faixa contínua — um espectro — que se estende das ondas de rádio numa extremidade aos raios gama na outra. As ondas de rádio têm frequência baixa e comprimento de onda longo; os raios gama têm frequência alta e comprimento de onda curto.

As estrelas e os eventos celestes como as supernovas (e o Big Bang, ver a página 184) geram radiação eletromagnética em todo o espectro. Pode-se observar isso com os radiotelescópios e os telescópios de raios X, do mesmo modo que a luz pode ser observada com telescópios ópticos.

A ESCURIDÃO VISÍVEL

O físico escocês James Clerk Maxwell (1831-1879) fez a primeira medição da velocidade da luz e concluiu que havia pouca diferença entre a luz e o eletromagnetismo. Ele escreveu em 1864: "luz e magnetismo são atributos da mesma substância, e a luz é um distúrbio eletromagnético propagado pelo campo de acordo com leis eletromagnéticas".

Essa ideia o levou a prever o espectro eletromagnético, que seria descoberto em estágios nos anos seguintes. Heinrich Hertz descobriu as ondas de rádio em 1886, oferecendo a primeira prova da teoria de Maxwell. Wilhelm Röntgen descobriu os raios X em 1895, e Paul Villard observou os raios gama em 1900 quando investigava a radiação do elemento rádio. Nem os raios X nem os raios gama foram imediatamente identificados como novos exemplos de radiação eletromagnética. Os raios X encontraram seu lugar em 1912 e os gama, em 1914, quando Ernest Rutherford descobriu que podiam se refletir do mesmo modo que a luz.

Radiotelescópios: a era seguinte

Não ficou óbvio de imediato que outras formas de radiação eletromagnética além da luz visível podiam vir do espaço. Na verdade, foi uma descoberta acidental de 1931 que levou à era da radioastronomia. O engenheiro de rádio Karl Jansky (1905-1950), que trabalhava nos laboratórios da Bell Telephone em Nova Jersey, construiu uma antena de rádio sobre uma plataforma giratória com 30 m de largura. Ele a usava para investigar possíveis fontes de interferência atmosférica nas transmissões de rádio e classificar os tipos de estática que captava como tempestades próximas e distantes e um chiado persistente que não conseguia identificar. Ficava na faixa dos 20 Hz, um comprimento de onda de cerca de 15 m. Ele chegou à conclusão espantosa de que essa estática vinha do espaço. A princípio, parecia vir do Sol, mas alguns meses depois se afastou. O chiado ficava mais forte e mais fraco num ciclo diário, mas de dias siderais (ligados à posição da Terra em relação às estrelas e não ao Sol). Finalmente, ele concluiu que a estática vinha do centro da Via Láctea.

Os laboratórios Bell disseram a Jansky que interrompesse a pesquisa, já que não contribuía concretamente para o plano da empresa de desenvolver transmissões de voz transatlânticas. O bastão foi entregue a Grote Reber, engenheiro de rádio de Illinois, que leu a descrição dos achados de Jansky publicada em 1933. Reber trabalhava

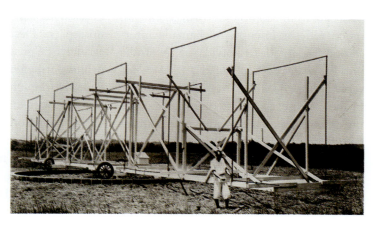

Karl Jansky nos laboratórios Bell e sua antena de rádio improvisada, o primeiro radiotelescópio, em 1933.

FERRAMENTAS DO OFÍCIO

de forma independente, sem financiamento para a pesquisa, e construiu o primeiro telescópio com refletor parabólico de rádio no quintal de casa. Ele decidiu estreitar a largura do feixe de 25 graus de Jansky e escolheu uma frequência de 3.000 Hz, com comprimento de onda de 10 cm.

O tamanho do refletor é importante porque determina a resolução da imagem. Como a luz visível tem um comprimento de onda pequeníssimo, um espelho com 1 m de diâmetro tem largura de feixe de cerca de 0,00003 graus. Nas frequências de rádio, o mesmo espelho terá uma largura de feixe de uns seis graus. É claro que um disco maior é necessário para obter informações mais nítidas e detalhadas. Assim, na década de 1950 os pratos dos radiotelescópios ficaram cada vez maiores até atingir 100 m de diâmetro. Com esse tamanho, eram difíceis de manobrar e manter e empenavam com facilidade. Ainda assim, permitiam apenas a mesma resolução de um telescópio óptico com um espelho de apenas 5 mm de diâmetro.

O tamanho importa, afinal de contas

O problema do tamanho foi resolvido combinando antenas remotas separadas para atuarem como se formassem um único refletor imenso. A chamada interferometria foi desenvolvida na Austrália por Ruby Payne-Scott (1912-1981) e Joseph Pawsey (1908-1962), que fizeram a primeira observação astronômica usando um interferômetro baseado num penhasco (geralmente usado para interferometria naval) para encontrar o tamanho e a posição angular de uma explosão solar.

O princípio foi devidamente posto à prova com um radiotelescópio formado por uma fila de antenas parabólicas espalhadas por mais de 1,6 km (uma milha). O Telescópio de Uma Milha foi inaugurado em 1964 no Observatório Mullard, em Cambridge, no Reino Unido. Desde então, foram construídos radiotelescópios do tipo *very large array* ("série muito grande" ou VLA), que se estendem por centenas ou milhares de quilômetros. O Very Large Baseline Array (VLBA), concluído em 1993, consiste de dez radiotelescópios dispostos entre o Havaí e Porto Rico, com quase um terço da circunferência do mundo. Com antenas tanto na Terra quanto no espaço, é possível criar um telescópio do tamanho de um planeta. O primeiro projeto de interferometria no espaço foi a missão japonesa HALCA, lançada em 1997 e operacional até 2005.

Todos os comprimentos de onda

Embora estrelas e outros objetos celestes emitam todos os tipos de radiação eletromagnética, nem todos penetram na atmosfera da Terra. A maior parte da radiação de comprimento de onda curto, como os raios gama e os raios X, é bloqueada pela atmosfera, de modo que os telescópios que operam nessas faixas só funcionam em altitude muito elevada ou no espaço. Desde o advento dos satélites artificiais, é possível dispor telescópios em órbita permanente para expandir a variedade de frequências eletromagnéticas que podemos detectar.

As micro-ondas não penetram na atmosfera da Terra. Para examinar a radiação de fundo em micro-ondas deixada desde o Big Bang, o telescópio receptor tem de estar acima da atmosfera. O primeiro desses satélites foi o Cosmic Background

A ESCURIDÃO VISÍVEL

O telescópio Very Large Array Karl G. Jansky é formado por 27 parabólicas móveis de 25 m de diâmetro situadas numa formação em Y no Novo México, nos EUA. Cada braço do Y mede 21 km.

Explorer, ativo de 1989 a 1993.

O infravermelho apresenta dificuldades diferentes. Além de os comprimentos de onda maiores serem bloqueados pela atmosfera, praticamente tudo emite radiação infravermelha (até o próprio equipamento de observação), e há muito "ruído de fundo" para levar em conta. Em 2003, a NASA lançou o Spitzer Space Telescope, um telescópio infravermelho que entrou na órbita do Sol; há outro lançamento marcado para 2018.

O ultravioleta (UV) é quase todo absorvido pela atmosfera, e os telescópios UV ficam em satélites. Os telescópios UV funcionam da mesma maneira que os telescópios para luz visível. A primeira observação UV das estrelas foi realizada pelo observatório Órion 1 da estação espacial tripulada soviética Salyut 1, em 1971

Os telescópios ópticos situados no espaço escapam da influência da atmosfera da Terra. O mais famoso deles é, sem dúvida, o telescópio espacial Hubble. Lançado em 1990, o Hubble é um dos projetos mais bem-sucedidos, duradouros e de alto nível da NASA. O Hubble completa uma órbita da Terra em 97 minutos e capta as regiões de ultravioleta, luz visível e infravermelho do espectro. Já produziu centenas de milhares de imagens, algumas delas famosas. O Hubble ajudou os astrônomos a calcular a idade do universo; também revelou galáxias em todos os estágios de crescimento e evolução e deu pistas sobre a existência da energia escura (ver a página 189).

Um telescópio espacial com uma missão muito específica é o Kepler, lançado pela NASA em 2009. Ele examina uma área estreita do espaço e observa cem mil estrelas em busca de exoplanetas (planetas em torno de estrelas fora do sistema solar). Um modo de perceber esses planetas é observar de que modo a luz da estrela diminui quando um planeta em órbita passa diante dela. A missão pretende determinar

FERRAMENTAS DO OFÍCIO

até que ponto os planetas como a Terra são numerosos em outros sistemas estelares, na esperança de decidir a probabilidade de vida em outros pontos do espaço. Em meados de 2016, 2.327 exoplanetas tinham sido confirmados.

O que se vê depende de como se olha

Se pudéssemos olhar o céu noturno com olhos que vissem uma faixa diferente do espectro eletromagnético, como os raios X ou ultravioleta, veríamos um céu muito diferente. Alguns objetos que parecem brilhantes desbotariam ou sumiriam, e objetos invisíveis a nossos olhos surgiriam na escuridão. A existência de equipamentos de observação capazes de revelar a fonte de diversos tipos de radiação eletromagnética além da luz visível levou à descoberta de novos tipos de objetos e fenômenos celestes.

Ir até lá

Até a década de 1960, a astronomia tinha de ser estudada dentro da atmosfera da Terra. Mas, com o surgimento dos satélites e, depois, das viagens espaciais, nossa visão das estrelas e dos planetas mudou. A exploração não é mais teórica — um passeio pelo cosmos sem sair da poltrona com a ajuda de telescópios. Agora podemos enviar equipamento robotizado e até seres humanos para investigar o que há por lá. Embora seja possível aprender muito com

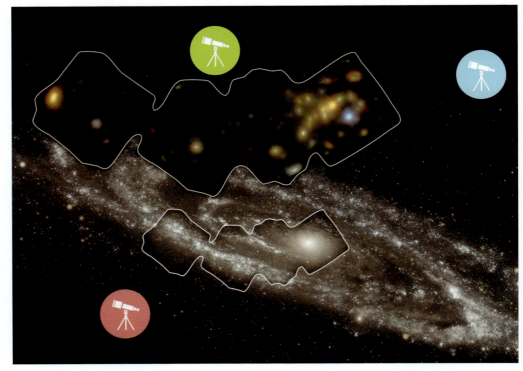

A galáxia de Andrômeda, também chamada de M31, registrada pela NASA com telescópios de luz visível (imagem de fundo, ícone azul), ultravioleta (ícone rosa) e raios X (ícone verde).

A capa de De la terre à la lune *(Da Terra à Lua), de Júlio Verne, de 1865, uma das primeiras histórias modernas de ficção científica.*

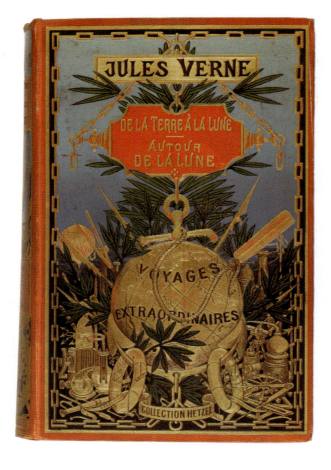

observações à distância, alguns detalhes só podem ser percebidos com uma abordagem mais próxima ou uma visita.

Indo com bravura aonde nenhum homem jamais foi

Astronomia e viagens espaciais não são a mesma coisa, assim como a ciência óptica envolvida na fabricação de telescópios não é astronomia. Entre outras coisas, as viagens espaciais são ferramentas para a astronomia e a cosmologia. A presença de astronautas humanos ou sondas robotizadas nos permite descobrir mais sobre os planetas e outros corpos e montar a história do sistema solar e da Terra.

As primeiras sondas mediam coisas simples, como temperatura e pressão, e tiravam fotografias que forneciam informações visuais e espectroscópicas. Sondas mais sofisticadas, como as enviadas recentemente a Marte, podem recolher

---

UM ANTIGO SONHO

Os seres humanos podem ter passado milênios sonhando em visitar as estrelas. A primeira história de "ficção científica" conhecida sobre viagens espaciais, do escritor sírio Luciano de Samósata, surgiu no século II d.C., embora sua intenção fosse dar uma pontada satírica nos livros de viagens fantásticas produzidos na época. Seus viajantes são levados até a Lua por um tornado e descobrem estranhos homens e criaturas (mas nenhuma mulher) vivendo lá. Em 1638, o relato ficcional de Kepler sobre como seria morar na Lua foi publicado depois de sua morte. Tanto o escritor de ficção científica Isaac Asimov quanto o astrônomo Carl Sagan o consideram a primeira obra de ficção científica.

FERRAMENTAS DO OFÍCIO

amostras de gás, poeira e rochas e realizar análises químicas e outras investigações no local. Os dados obtidos pelas sondas são mandados para a Terra pelo rádio; as sondas robotizadas também são controladas e reprogramadas pelo rádio. Na comunicação com as sondas em outros planetas ou perto deles, pode haver uma demora de vários minutos na ida e na volta.

O fim do paraíso

Vênus foi o primeiro planeta a ser visitado por sondas. As primeiras ideias de Vênus eram cativantes. Por ficar mais perto do Sol, achava-se provável que fosse agradavelmente quente. A atmosfera cheia de nuvens do planeta era considerada uma indicação de clima quente com muito vapor. Talvez fosse um paraíso tropical. Era comum o planeta ser assim representado na ficção científica, e a nave soviética mandada a Vênus na década de 1960 estava equipada para pousar na água, se necessário.

Com os dados que vieram do planeta, o sonho acabou. Numa missão de sobrevoo em 1962, a sonda Mariner 2 da NASA constatou que a temperatura no solo de Vênus pode chegar a 428°C e que não havia indícios de vapor d'água na atmosfera. Isso foi confirmado pelas sondas soviéticas Venera, que pousaram no planeta. Em vez de paraíso tropical, Vênus é um deserto seco e escaldante com pressão atmosférica esmagadora e nuvens ácidas demais para serem confortáveis. Em 1967, a Venera 4 enviou os primeiros dados vindos de outro planeta e transmitiu a temperatura e a pressão durante a descida, mas foi destruída pela pressão atmosférica antes de chegar à superfície. Em 1970, a Venera 7 enviou dados da superfície; a temperatura encontrada foi de 475°C e a pressão, de 90 atmosferas. A natureza hostil de Vênus foi confirmada. Os escritores de ficção científica Brian Aldiss e Harry Harrison marcaram o falecimento da fantasia venusiana com uma antologia chamada *Farewell Fantastic Venus* (Adeus, Vênus fantástica, 1968).

Desde então, as sondas fotografaram de perto os outros planetas e muitas de suas luas. Essas fotos de perto revelaram a composição e a estrutura prováveis de alguns corpos estudados, ensinando-nos muito mais sobre eles do que se poderia descobrir aqui na Terra. Em 2015, a missão Cassini da NASA, enviada a Saturno e suas luas, constatou a probabilidade de haver um oceano de água líquida que cubra o globo inteiro sob a crosta de gelo da lua Encélado. Em 2104, a mesma missão descobriu que Titã, outra lua de Saturno, tem vastos mares de metano líquido. Isso só poderia ser percebido com o radar de uma sonda espacial próxima. A missão Cassi-

> **NEWTON OLHA À FRENTE**
>
> Em 1687, Isaac Newton calculou que, se fosse disparada do alto de uma montanha a uma velocidade de 7,3 km por segundo, uma bala de canhão entraria na órbita da Terra, já que estaria caindo na direção do planeta com a mesma velocidade com que a Terra se afastava debaixo dela. Se fosse atirada com velocidade ainda maior, a bala de canhão se libertaria da gravidade da Terra e seguiria para o espaço. Essa passou a ser a chamada velocidade de escape. Na Terra, a velocidade de escape é de 40.270 km/h, ou cerca de 11 km/s.

IR ATÉ LÁ

Em 1975, a sonda espacial soviética Venera 9 transmitiu a primeira fotografia já tirada da superfície de outro planeta, uma prova visível de que Vênus não era o paraíso tropical com que muitos sonhavam.

ni também recolheu grãos minúsculos de poeira; em 2016, 36 deles vieram de fora do sistema solar. Mais uma vez, é algo que nunca se conseguiria na Terra.

Pó e pedras

A realização máxima dos programas espaciais da década de 1960 aconteceu em 20 de julho de 1969 quando Neil Armstrong e Buzz Aldrin, dois dos três tripulantes da Apolo XI, pisaram na Lua. Para a astronomia, o mais importante não foi a presença dos seres humanos lá, mas as 2.200 amostras de rochas e poeira lunares recolhidas, num total de 382 kg. Sua análise ajudou a lançar luz sobre a formação da Lua (ver a página 106).

Outras amostras vieram de cometas, e as de Marte foram recolhidas (mas ainda não chegaram). Os pousos em Marte começaram com as naves soviéticas Mars 2 e Mars 3, em 1971. Desde então, as missões enviadas a Marte ficaram cada vez mais sofisticadas. O primeiro pouso bem-sucedido de um *rover* (veículo robotizado) em Marte foi o do Sojourner, em 1997. Ele levava câmeras e um espectrômetro para analisar amostras de pó e rochas. Os *rovers* mais recentes em Marte (da NASA) continuam a transmitir dados de investigações geológicas, climáticas e da atmosfera, além de milhões de fotografias. Em 2014, o *rover* Curiosity colheu a primeira amostra jamais obtida abrindo furos em rochas fora da Terra. A meta da atual geração de *rovers* da NASA em Marte é determinar se já houve seres vivos por lá e o potencial do planeta para sustentar a vida.

Jorros de água congelada irrompem da superfície de Encélado, uma das luas de Saturno, e indicam que há água líquida sob a superfície.

95

CAPÍTULO 4

Terra, Lua E SOL

"A cada dia o Sol passa a existir a partir de pedacinhos de fogo que são recolhidos."

Xenófanes,
filósofo grego, c. 400 a.C.

É fácil pensar que a astronomia trata de objetos que estão "lá fora" no espaço — planetas, estrelas, cometas e coisa assim — e esquecer que nosso planeta faz parte disso tudo. Parte mais próxima do "lá fora", nosso sisteminha de Terra, Lua e Sol foi o primeiro a ser explorado.

O Sol e a Lua são os corpos com mais impacto sobre a Terra. São os maiores do céu e foram os primeiros a atrair a curiosidade de nossos ancestrais.

TERRA, LUA E SOL

A Terra no espaço

Embora fosse muito difícil determinar se era a Terra ou o Sol que estava no centro do sistema local (ou mesmo do universo inteiro), algumas tarefas foram mais fáceis de cumprir. O tamanho da Terra, sua esfericidade e a distância do Sol e da Lua foram desafios enfrentados com medições e matemática relativamente simples.

Os cantos imaginários da Terra redonda

Há uma crença popular de que muita gente achou que a Terra era plana durante muitíssimo tempo e que os lobos do mar da época de Colombo tinham medo de cair pela beira do mundo. Mas isso é infundado; há muitos indícios da esfericidade da Terra.

Para qualquer marinheiro antigo seria óbvio que a Terra não é plana. No mar, os navios não vão diminuindo até serem meros pontinhos e desaparecem no horizonte ainda tão próximos que detalhes como suas velas são claramente visíveis. O fato de o casco do navio desaparecer primeiro, seguido pelas velas, prova que pelo menos a superfície da Terra é curva, embora os primeiros modelos cosmológicos imaginassem a Terra abobadada em vez de esférica.

É fácil ver que a superfície da Terra é curva, mas não fica imediatamente claro que seja esférica. Dois mil anos atrás, a terra conhecida compreendia uma massa terrestre contínua e algumas ilhas próximas espalhadas. Quem viajasse partindo da Grécia ou do Oriente Médio teria de

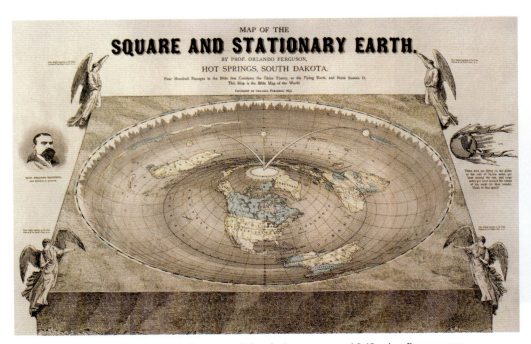

Este mapa da terra plana foi desenhado por Orlando Ferguson em 1863; ele afirmava que representava o verdadeiro "mapa do mundo" cristão, e usava como apoio citações da Bíblia.

A TERRA NO ESPAÇO

O eclipse lunar só pode acontecer na lua cheia, quando o Sol, a Terra e a Lua estão alinhados. A sombra da Terra cai sobre a Lua.

percorrer um caminho longuíssimo para o sul ou para o leste até a terra acabar e o oceano surgir. Antes seriam encontrados desertos ou montanhas intransponíveis. Para o norte ou para o oeste, logo se chegaria ao Oceano Atlântico ou ao norte congelado, sugerindo, como propunham todos os antigos mapas, que a terra habitada é cercada de terras inóspitas (frias ou quentes demais) e depois um oceano que marca a borda do mundo. (O Mar Mediterrâneo era facilmente contornado ou navegado na época dos antigos gregos.)

Os gregos são o primeiro povo conhecido a considerar a Terra esférica, embora isso não fosse unanimemente considerado verdadeiro. No século IV a.C., Aristóteles argumentou que a Terra tinha de ser esférica porque a sombra que lança na Lua durante os eclipses lunares é sempre circular. (O eclipse lunar ocorre quando a Terra fica entre o Sol e a Lua, de modo que sua sombra recai sobre a Lua.)

Além disso, Aristóteles defendia que a Terra não é enorme, porque é fácil se afastar da Grécia para o norte ou para o sul até ver diferenças nas estrelas. Algumas visíveis no Norte o ano inteiro parecem subir e descer mais para o Sul, e outras nunca visíveis no Norte aparecem no Sul. A ideia da Terra esférica não se originou com Aristóteles, mas ele foi o primeiro a defendê-la com argumentos. Outros escritores gregos atribuíram a descoberta original a Pitágoras, Parmênides (final do século VI ou início do século V a.C.) ou Empédocles. O filósofo grego Arquelau (século V a.C.) propôs que o planeta tem a forma de um pires, com uma concavidade no meio; afinal, se a Terra fosse plana o Sol nasceria e se poria à mesma hora em todos os lugares. Arquelau também sugeriu que o Sol é a maior das estrelas.

Redonda até onde?

O filósofo grego Eratóstenes foi o primeiro a demonstrar a esfericidade da Terra de forma conclusiva no século III a.C. e fez a primeira tentativa de calcular seu tamanho. Ele viveu em Alexandria, no Egito, e era bibliotecário da grande biblioteca da cidade. Disseram-lhe que, ao meio-dia, o Sol ficava verticalmente sobre a cidade de Syene, mais ao sul. Ele brilhava diretamente sobre um poço e iluminava o fundo, e os objetos verticais não lançavam sombras. Eratóstenes sabia que em Alexandria não era assim: os objetos verticais lançavam uma pequena sombra ao meio-dia. Ele percebeu que, se medisse a distância entre as duas cidades e o ângulo da sombra em Alexandria, conseguiria calcular o ângulo do Sol em Alexandria quando estivesse a pino em Syene, e assim calcular a curvatura da Terra.

Eratóstenes descobriu que o ângulo era um cinquentésimo de círculo (cerca de 7,2°), portanto a distância entre Syene e Alexandria representava um cinquentésimo da circunferência do mundo. Ele considerou que a distância entre as cidades era de cinco mil estádios, e a circunferência da Terra, de 250.000 estádios. Em seguida, ele elevou a medida para 252.000 estádios para tornar o número mais fácil de dividir por 60 (ele sabia que seu valor era aproximado). Infelizmente, não sabemos o comprimento exato de um estádio. Se ele falava do estádio egípcio, o valor calculado de 250.000 estádios fica bem próximo da

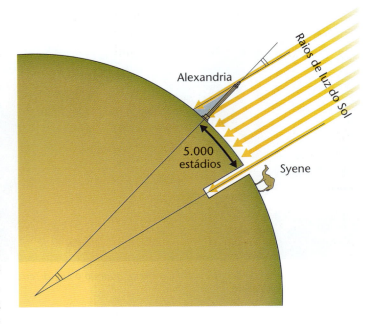

Método de Eratóstenes para medir a circunferência da Terra: o ângulo interno no centro da Terra entre os raios traçados até Alexandria e Syene é o mesmo ângulo formado pelo Sol que bate no pilar de Alexandria.

circunferência reconhecida de 40.075 km. De qualquer modo, o erro fica entre 2% e 20%, o que é impressionante.

No século IX, desapontados com a incapacidade de converter o valor dos estádios desconhecidos para milhas árabes, os astrônomos islâmicos resolveram recalcular o tamanho da Terra. Uma equipe foi para o deserto da Síria e escolheu uma estrela brilhante para suas observações. Depois, metade da equipe partiu para o Norte, a outra metade para o Sul. Cada equipe parou quando descobriu que a posição da estrela escolhida tinha se deslocado um grau. A distância entre os dois pontos correspondia a dois graus de arco, e portanto a circunferência total era 180 vezes aquela distância. O cálculo resultante chegou a uma circunferência de 38.624 km para a Terra, o que fica bem perto da medida moderna.

Dando voltas

Como vimos, na Grécia Antiga as opiniões se dividiam quanto à questão de a Terra girar em seu eixo ou de os corpos celestes se moverem em torno dela. A rotação da própria Terra independe de nosso planeta girar ou não em torno do Sol. Vários filósofos gregos do século IV a.C., como Hicetas, Heráclides e Ecfanto, defendiam que a Terra gira, mas não sugeriam que orbitava o Sol. Aristóteles era inflexível na defesa de que a Terra era fixa; como foi adotada e propagada por Ptolomeu, sua opinião se tornou a crença dominante no Ocidente até que o modelo copernicano a substituiu.

Na Índia, Ariabata escreveu, em 499 d.C., que a Terra gira diariamente em seu eixo e que o movimento aparente dos corpos celestes resulta dessa rotação. Essa questão também era discutida por astrônomos muçulmanos, embora não se chegasse a um consenso.

Com Copérnico, a questão da rotação se tornou mais cativante. Para ele, era necessário que a Terra girasse, senão haveria em seu modelo períodos extensos de escuridão, luz e crepúsculo, num ciclo que levaria o ano todo para se completar. Alguns aceitavam a rotação da Terra sem se comprometer com o modelo geocêntrico nem com o heliocêntrico.

Em 1687, Isaac Newton determinou que, se a Terra gira, os polos serão levemente achatados e a Terra será mais larga no equador. As primeiras medições no fim daquele século indicaram que não era as-

Pendurado a 67 metros de altura no teto do Panteão de Paris, na França, o Pêndulo de Foucault possibilita ver a Terra girando.

sim — embora seja. A Missão Geodésica Francesa da década de 1730 confirmou o modelo de Newton e Copérnico ao descobrir que a Terra é mesmo um esferoide levemente achatado.

A suprema prova de que a Terra gira foi dada em 1851 pelo físico francês Léon Foucault (1819-1868). Ele pendurou uma bola de chumbo revestida de latão no teto do Panteão de Paris; ela ainda está lá. Como a Terra gira embaixo do pêndulo, o plano de seu balanço roda lentamente. Basta observá-lo alguns minutos para ver que a Terra se move; o plano do balanço se desloca onze graus por hora, ou cerca de um grau a cada cinco minutos.

Nossa companheira, a Lua

A Lua e o Sol são ambos claramente redondos, como todos podem ver, mas determinar que são esféricos e não discos circulares é um pouco mais difícil. O filósofo grego Heráclito propôs, por volta de 500 a.C., que a Lua e o Sol seriam vasilhas contendo fogo. A vasilha da Lua gira, disse ele, e da Terra ela parece ter formas diferentes em épocas variadas, o que explicaria suas fases.

Os eclipses resultam do lado convexo das vasilhas voltado para a Terra. Ele também achava que a evaporação da terra e do mar fornecia combustível aos corpos celestes, que ardiam da mesma maneira que as lâmpadas de óleo.

Glória refletida

O filósofo grego Anaxágoras (c. 510-428 a.C.) acreditava que tanto o Sol quanto a Lua eram rochas redondas; ele também defendia que a Lua não é uma fonte de luz em si, mas reflete a luz do Sol. Isso é bastante fácil de deduzir pelas fases da Lua (ver o diagrama). Quando a Lua está entre a Terra e o Sol, o lado que vemos está na sombra (lua nova); quando a Terra está entre o Sol e a Lua, vemos a Lua

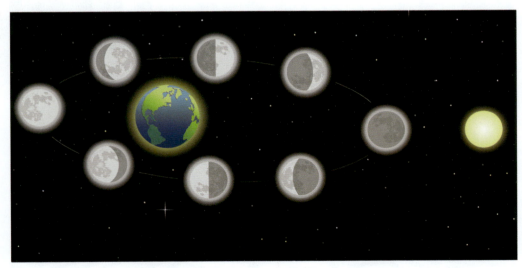

A luz do Sol atinge o lado da Lua voltado para o Sol. O que podemos ver dessa parte na Terra depende da posição da Lua em sua órbita. Na lua cheia, vemos o lado todo iluminado; na lua nova, apenas uma linha fina de luz.

totalmente iluminada pelo Sol (lua cheia); entre essas posições, a Lua fica parcialmente iluminada nas outras fases.

Os astrônomos chineses também reconheciam que a Lua brilha com luz refletida e que tanto a Lua quanto o Sol são esféricos. Jing Fang (78-37 a.C.) defendeu essa teoria, embora não fosse universalmente aceita. Na Índia, Ariabata também observou em 499 d.C. que a Lua brilha com luz refletida.

A face da Lua

Até para o observador a olho nu é claro que a superfície da Lua não é iluminada uniformemente; há áreas escuras (sombras) que é comum imaginar que formam um rosto humano ou alguma outra figura. O historiador grego Plutarco escreveu um breve tratado intitulado *Sobre a face no orbe da Lua* no qual sugere que as áreas escuras na superfície na verdade são poços e abismos, talvez rios, profundos demais para a luz do Sol entrar. Ele se dispôs até a considerar que a Lua fosse habitada.

O desenho mais antigo que nos restou das características da Lua foi feito pelo inglês William Gilbert (1540-1603), médico da rainha Elizabeth I. Numa inversão do modelo adotado por Plutarco e, mais tarde, por Galileu, Gilbert supôs que as manchas escuras eram massas continentais e as áreas claras, mares. Gilbert achou desapontador que, na Antiguidade, ninguém tivesse desenhado a face da Lua, porque essa falha significava que era impossível dizer se ela mudara nos últimos dois mil anos. Ele não publicou sua imagem da Lua, que só foi impressa em 1651, muito depois de sua morte. É claro que, nessa

O MAPA DA LUA DE KNOWTH

Na parede de uma caverna em Knowth, na Irlanda, fica o que talvez seja a representação mais antiga da superfície da Lua, que pode datar de cinco mil anos atrás. A gravação na pedra, chamada de Orthostat 47, fica numa passagem neolítica e seu padrão de linhas curvas parece corresponder ao arranjo das manchas escuras da Lua, hoje chamadas de mares.

época, ela já fora totalmente superada pelos mapas da Lua feitos com a ajuda do telescópio e continua a ser o único mapa histórico da Lua com base na observação a olho nu.

Com a invenção do telescópio em 1608, a Lua foi forçada a revelar seus segredos. A primeira pessoa conhecida a apontar um "tubo holandês" (antigo nome do telescópio) na direção da Lua e desenhar o que viu foi o astrônomo inglês Thomas Harriot (1560-1621). Ele desenhou a primeira imagem da Lua ampliada em julho de 1609, vários meses antes de Galileu fazer seus primeiros desenhos da Lua. O esboço simples de Harriot mostra grosseiramente alguns elementos da superfície iluminada da Lua e o terminador (a linha que divide a parte da Lua iluminada pelo Sol e a parte que fica na sombra).

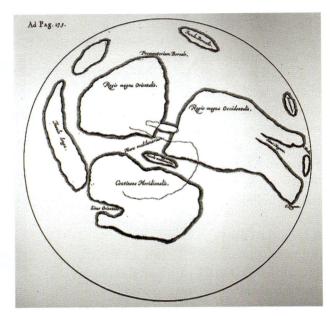

O desenho de Gilbert é o único mapa sobrevivente da Lua feito antes da invenção do telescópio.

Quando fez seu telescópio em 1609 e o virou para a Lua, Galileu percebeu que ela não era uma esfera lisa e perfeita como antes se supunha, mas "ao contrário, é cheia de grandes desigualdades, irregular, cheia de depressões e protuberâncias, exatamente como a superfície da Terra". Isso foi um golpe, porque tanto Aristóteles quanto a Igreja ensinavam que o céu era perfeito e imutável. Clara-

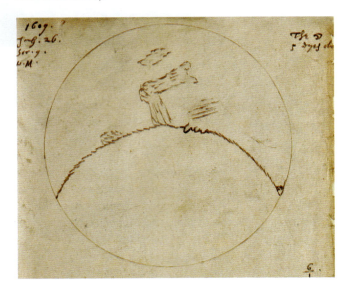

Desenho que Harriot fez da Lua, o primeiro com o uso do telescópio, mostra claramente o terminador que separa as partes escura e iluminada.

104

mente, a Lua não era tão perfeita assim, mesmo que fosse imutável. É claro que manchas escuras sempre foram visíveis na Lua, mas eram consideradas um resultado da iluminação desigual do Sol e não imperfeições da superfície. Em 1824, o astrônomo alemão Franz von Gruithuisen deduziu corretamente que as crateras da Lua resultavam do choque de meteoros com a superfície — portanto, a Lua não era sequer imutável.

Mapeamento da Lua

O primeiro mapa propriamente dito da Lua foi feito em 1645 pelo astrônomo e cosmógrafo belga Michael van Langren. Ele foi superado em 1647 pelos mapas mais influentes de Johannes Hevelius, que construiu um enorme telescópio de madeira com distância focal de 46 m, instalado num observatório que se estendia pelo telhado de três casas adjacentes que lhe pertenciam. Mesmo assim, Hevelius preferia trabalhar sem telescópio, e é considerado o último grande astrônomo a realizar observações significativas a olho nu. Mas ele usou o aparelho em seu projeto de quatro anos de mapear a superfície lunar. Em 1647, ele publicou *Selenographia*, sua descrição completa da Lua. Apenas quatro anos depois, os astrônomos italianos Giovanni Riccioli e Francesco Grimaldi desenharam um novo mapa da Lua e deram nomes a muitas crateras. Esses nomes ainda são usados hoje.

Até esse momento, os mapas da Lua eram desenhos à mão livre, sem nenhum sistema de referência. Em 1750, quando Johann Meyer desenvolveu o primeiro conjunto de coordenadas lunares, os astrônomos puderam mapear sistematicamente as características da Lua, processo que começou oficialmente em 1779 com a obra do astrônomo amador alemão Johann Schröter (1745-1816). Felizmente, Schröter publicou seus desenhos detalhados da superfície da Lua antes que seus documentos e seu observatório fossem destruídos pelos franceses nas Guerras Napoleônicas. Ele também desenhou imagens de Marte, mas acreditava observar nuvens na atmosfera marciana em vez de elementos da superfície do planeta.

Hoje, o mapeamento da Lua é realizado com tecnologia sofisticada e telescó-

Michel van Langren fez o primeiro mapa da Lua em 1645, produzido para ajudar os marinheiros a encontrar a longitude no mar.

TERRA, LUA E SOL

pios muito avançados. O mapa topográfico mais preciso e detalhado da Lua, publicado em 2011, foi produzido pela NASA com base em fotografias.

Rumo à Lua

O fato de a Lua estar mais perto da Terra do que o Sol é evidente pela ocorrência de eclipses. No século V a.C., Anaxágoras explicou corretamente que o eclipse resulta da passagem da Lua na frente do Sol. Além dessa sequência simples, era impossível avaliar a que distância ficavam a Lua e o Sol. Ambos parecem ter o mesmo tamanho no céu, e a Lua pode cobrir perfeitamente o Sol durante o eclipse. Isso poderia significar que têm tamanho semelhante e estão mais ou menos à mesma distância, com o Sol apenas um pouquinho mais longe, ou (como o Sol é muito

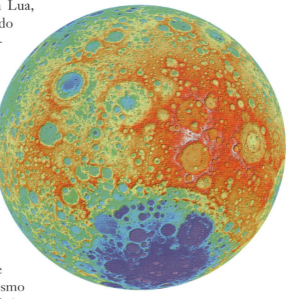

Essa imagem com cores falsas da NASA é o mapa com maior resolução que já se fez da Lua. As elevações mais altas são brancas, depois vermelhas e passam por todo o espectro até o roxo, nas elevações mais baixas.

A QUESTÃO DA VIDA

A ideia de que pode haver vida na Lua foi debatida durante muito tempo e ainda era corrente entre alguns astrônomos no início do século XX. Originalmente território de escritores de ficção e astrônomos puramente especulativos, a ideia recebeu um empurrão em 1856 quando o astrônomo germano-dinamarquês Peter Hansen (1795-1874) publicou a teoria de que a Lua talvez tivesse atmosfera e fosse capaz de sustentar vida no lado escuro (que nunca se volta para a Terra). O polímata croata Roger Boscovich (1711-1787) descobriu, em 1753, que a Lua não tem atmosfera, e dois astrônomos alemães mostraram, em 1834, que não tem atmosfera nem água. A teoria de Hansen foi desacreditada em 1870, mas nem todos os astrônomos se dispuseram a abandonar a ideia de vida na Lua. As especulações sobre vida passada ou presente continuaram até que os pousos das naves Apolo na Lua, na década de 1960, trouxeram rochas lunares estéreis e confirmaram a ausência de água líquida no satélite. Mas em 2009 a NASA divulgou que, na verdade, há água na Lua em quantidade suficiente para suprir a necessidade humana em missões futuras.

NOSSA COMPANHEIRA, A LUA

mais brilhante do que a Lua) indicar que o Sol está muito mais longe e é maior. A primeira pessoa a se dedicar a esse cálculo foi o astrônomo grego Hiparco, no século II a.C. Ele usou o método da paralaxe (ver quadro). Todos os métodos indiretos de medir a distância entre a Terra e a Lua usam a paralaxe de um modo ou de outro. A técnica exige uma medição simples entre dois pontos da Terra e alguns cálculos geométricos. Para usá-la, observa-se o mesmo objeto em duas posições e determina-se quanto ele parece se deslocar contra um fundo constante. Quanto mais próximo o objeto, mais ele parece se deslocar.

Hiparco fez sua medição durante um eclipse, possivelmente em 126 a.C. O eclipse foi total no Helesponto (hoje chamado de Dardanelos), que divide as partes europeia e asiática da Turquia, mas apenas quatro quintos do Sol foram cobertos em Alexandria, no Egito. Provavelmente, Hiparco não trabalhou com a distância entre as duas cidades, mas com a diferença de latitude (que hoje se sabe que são 9 graus). Como o Sol costuma ocupar cerca de 0,5 grau do arco total do céu, um quinto do sol ocupa 0,1 grau. A partir daí, Hiparco calculou, com base na mudança de latitude,

> **PARALAXE**
>
> A paralaxe é a mudança aparente da posição de um objeto, como uma estrela ou planeta, resultante da mudança do ponto de vista do observador. É possível demonstrar a paralaxe erguendo um dedo e fechando primeiro um dos olhos, depois o outro. O dedo parece pular para a direita ou para a esquerda em relação ao fundo quando o observamos de pontos levemente diferentes — a posição dos dois olhos. Na astronomia, a paralaxe é medida como o ângulo de inclinação da linha de mirada; quanto mais próximo o objeto, maior o ângulo de paralaxe. No caso dos corpos celestes, que estão muito longe, esse ângulo é pequeníssimo. Embora seja possível medir aproximadamente a paralaxe da Lua sem telescópio, a paralaxe das estrelas era pequena demais para ser medida até o século XIX (ver a página 187).

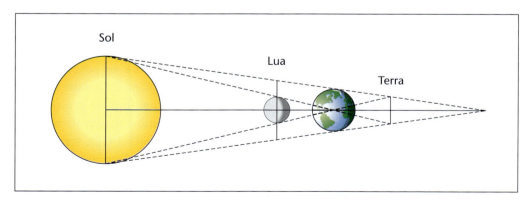

Hiparco usou geometria para determinar a distância da Terra à Lua e ao Sol.

TERRA, LUA E SOL

que a distância da Terra à Lua ficava entre 70 e 82 vezes o raio da Terra. A distância é de cerca de 60 raios, e o cálculo de Hiparco foi uma primeira tentativa razoável.

O astrônomo persa Habash al-Hasib al-Mawarzi (796-c. 869) fez um cálculo mais preciso da distância entre a Terra e a Lua. Ele encontrou uma distância até a Lua de 346.345 km — o número real é de 384.400 km — e calculou que o diâmetro da Lua era de 3.037 km — o número real é de 3.474 km.

Outra maneira de avaliar a distância entre a Terra e a Lua é com a medição dos trânsitos meridionais. Isso exige observadores bem separados na mesma linha de longitude (num meridiano) para observar a passagem (trânsito) de uma característica da Lua sobre essa linha. O astrônomo irlandês Andrew de la Cherois Crommelin (1865-1939) calculou a distância até a Lua com base em medições do ângulo da elevação da Lua feitos em 1905-1910. A linha de trânsito ia de Greenwich, na Inglaterra, ao Cabo da Boa Esperança, na África do Sul. Crommelin encontrou uma distância até a Lua com exatidão de ± 30 km; durante cinquenta anos, foi esse o valor aceito.

Em 1952, John O'Keefe (1916-2000) mediu o ângulo de elevação da Lua em diversos lugares quando a Lua ocluía (escondia) uma estrela específica. Seu valor para a distância foi de 384.407,6 ±4,7 km, refinado em 1962 por Irene Fischer para 384.403,7 ± 2 km.

Hoje, medimos a distância da Terra à Lua diretamente, usando laser. Um facho de laser é refletido num objeto da Lua, e o tempo que o facho refletido leva para voltar à Terra é registrado. A técnica foi usada pela primeira vez em 1962, com um facho de laser refletido na superfície da Lua. Em 1969, a tripulação da Apolo XI instalou uma série de retrorrefletores na Lua especificamente com esse propósito. O sistema reflete a luz do laser de volta à fonte com o mínimo de desvio ou distorção e, portanto, permite a medição mais precisa possível.

De que tamanho?

No século III a.C., Aristarco usou um eclipse lunar para calcular o tamanho da Lua. Ele registrou o tempo decorrido desde o início do eclipse (quando a sombra da Terra começou a cair sobre a Lua) até a Lua estar totalmente oculta e o tempo em que a Lua ficou totalmente oculta. Ao descobrir que os dois períodos eram iguais, ele concluiu que a sombra da Terra deve ter o dobro do diâmetro da Lua, portanto a Lua deve ter metade do tamanho da Terra. Na verdade, a Lua tem cerca de um quarto do tamanho da Terra. Aristarco supôs que a sombra da Terra tinha o mesmo tamanho da Terra, mas na verdade a sombra é bem menor.

A criação da Lua

Uma coisa é observar e investigar a Lua, outra bem diferente é se perguntar por que ela está lá. A primeira pessoa a tentar uma explicação científica da presença da Lua foi o astrônomo e matemático inglês George Darwin (1845-1912), segundo filho do famoso naturalista inglês Charles Darwin. Em 1898, Darwin propôs que a Terra e a Lua já tinham sido um único corpo, mas que a Lua se separara da Terra

Como Aristarco achou que era a sombra:

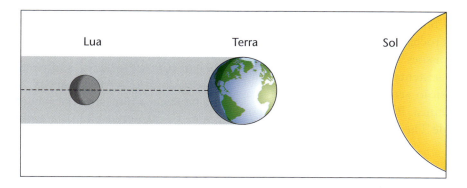

Como a sombra realmente é:

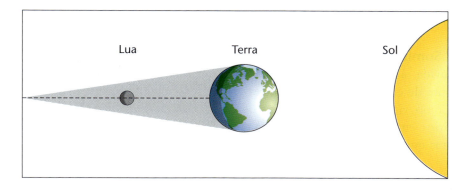

como um glóbulo de rocha quente derretida, arrancado pela força centrífuga. Ele disse que a Lua ainda estava se afastando da Terra, o que foi confirmado pelas medições a laser da Lua na segunda metade do século XX. (A Lua está se afastando da Terra cerca de 3,8 cm por ano.)

Mas a modelagem matemática não deu sustentação à teoria de Darwin, e em 1946 o geólogo canadense Reginald Daly (1871-1957) propôs que a Lua teria sido arrancada da Terra por um impacto. Essa ideia foi praticamente ignorada até 1974. Então, William Hartmann e Donald Davies propuseram que, pouco depois de formados os planetas, existiriam alguns corpos grandes que poderiam ser capturados como satélites pelos planetas ou colidir com eles com efeito devastador. A ideia, hoje conhecida como Teoria do Grande Impacto, era de que esse corpo se chocou com a Terra, lançando no espaço uma grande quantidade de material que se juntou e formou a Lua. Em 2000, o hipotético corpo da colisão, talvez do tamanho de Marte, foi chamado de Theia. Acredita-se que a colisão teria acontecido cem milhões de anos depois que o sistema

TERRA, LUA E SOL

solar começou a se formar, dando à Lua uma idade de 4,53 bilhões de anos (contra os 4,54 bilhões de anos da Terra). A análise das rochas e da poeira trazidas da Lua pelas missões Apolo nas décadas de 1960 e 1970 sustenta a teoria. As amostras têm composição semelhante à da Terra, mas não idêntica. Parece que a Lua combinou partes de Theia e da Terra.

O Sol

Embora o Sol seja visto durante o dia e as estrelas, à noite, a ideia de que o Sol poderia ser uma estrela surgiu há quase 2.500 anos. Mas só foi geralmente aceita quando Galileu a propôs no século XVII.

Cadê? Sumiu! Apareceu!

Sem dúvida, a confiabilidade do Sol foi uma fonte de consolo para nossos ancestrais. Como vimos, eles organizavam os calendários em torno dele e construíam estruturas que lhes permitiam usar o nascer e o pôr do Sol para determinar a época adequada para atividades como o plantio e a colheita. Como deve ter sido apavorante quando o Sol se comportou de um jeito inesperado — quando as erupções solares variavam sua aparência ou, pior ainda, quando era obliterado ou parcialmente comido por um eclipse. O medo era uma reação natural, e a superstição seguia em seus calcanhares.

Tanto na antiga China quanto na Babilônia, acreditava-se que os eclipses eram maus presságios, principalmente para os governantes. Achava-se que a atividade dos céus estava ligada a eventos nacionais e políticos da Terra, mais do que a minúcias da vida cotidiana. Nesse aspecto, a astrologia moderna se afastou bastante de suas raízes. Na Babilônia, era possível recrutar um governante substituto para cumprir o dever de pacificar os deuses e evitar o infortúnio iminente. Num dos casos, a previsão de que uma inundação romperia os diques levou à oferta do seguinte remédio: "Quando a Lua fizer o eclipse, o rei meu senhor deve me escrever. Como substituto do rei, cortarei o dique, aqui na Babilônia, no meio da noite".

DAR SUSTO EM DRAGÕES

A antiga mitologia chinesa afirmava que o eclipse era causado por um dragão que comia o Sol. Tornou-se comum fazer muito barulho, inclusive com tambores, para assustá-lo. Até o século XIX, a marinha chinesa disparava os canhões durante os eclipses lunares para assustar o dragão que comia a Lua.

O TEMPO E AS MARÉS

A primeira pessoa a perceber que as marés são causadas pela Lua foi Seleuco de Selêucia, um astrônomo helênico que morava na Mesopotâmia no século II a.C. Ele estudou as marés e notou que não eram totalmente regulares e variavam de altura dependendo da posição da Lua em relação ao Sol. Ele achou que eram mediadas pelo "pneuma" (fôlego) que compunha originalmente o universo (ver a página 182) e produzidas tanto pela Lua quanto pelo movimento giratório da Terra.

O SOL

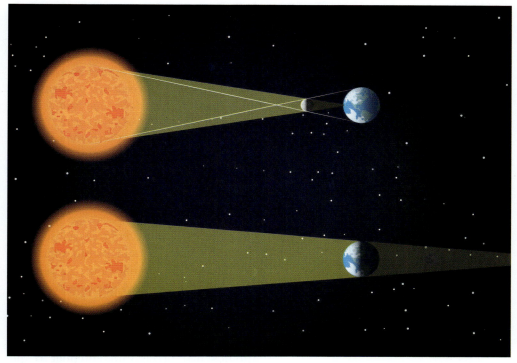

Num eclipse solar (no alto) a sombra da Lua cai na Terra. No eclipse lunar(embaixo), a sombra da terra cai na Lua (quase invisível no lado escuro da Terra).

O registro dos eclipses

Uma pedra na Irlanda talvez registre o eclipse que ocorreu em 30 de novembro de 3340 a.C. Se essa interpretação da pedra estiver correta, seria o eclipse mais antigo já registrado. Um tablete de argila sírio registra um eclipse em 5 de março de 1223 a.C.; sem contar o irlandês, seria esse o registro ocidental mais antigo.

Os registros chineses de eclipses datam de quatro mil anos e são tão completos que foram usados para calcular mudanças na velocidade da rotação da Terra. O relato mais antigo que nos restou de uma observação astronômica diz respeito a um eclipse ocorrido em 5 de junho de 1302 a.C.

"Quinquagésimo segundo dia: neblina até quase o amanhecer. Três chamas comeram o Sol, e grandes estrelas foram vistas."

As "três chamas" são labaredas solares dentro da atmosfera do Sol, vistas a se estender pelo espaço durante o eclipse. As

> *"Esses últimos eclipses do Sol e da Lua não nos prenunciam nada de bom. Embora a sabedoria da natureza possa raciocinar assim e assado, a natureza se vê castigada pelo efeito subsequente."*
>
> William Shakespeare,
> *Rei Lear*, Ato I, Cena 2

111

TERRA, LUA E SOL

"grandes estrelas" são as estrelas e planetas brilhantes vistos durante a escuridão do eclipse em suas posições diurnas e pouco conhecidas. O eclipse está preservado num oráculo de ossos chinês (um pedaço de casco de tartaruga). Cinco eclipses solares registrados por astrônomos chineses entre 1226 a.C. e 1161 a.C. permitiram a cientistas da NASA determinar que, em 1200 a.C., o ano tinha cerca de 17 segundos menos que hoje. Shi Shen deu instruções para prever eclipses com base na posição do Sol e da Lua, mostrando que, no século IV a.C., ele sabia algo sobre a participação da Lua nos eclipses solares. Por volta de 20 a.C., os astrônomos chineses entendiam toda a natureza dos eclipses e, em 206 d.C., eram capazes de prevê-los com exatidão.

Previsão de eclipses

Desde os tempos mais antigos, a previsão de eclipses se tornou uma das tarefas dos astrônomos da Mesopotâmia e da China. Parece que ambas as culturas notaram a existência do chamado ciclo de Saros. A geometria dos movimentos do Sol, da Terra e da Lua se repete num ciclo de 6.585,32 dias (18 anos e 11,3 dias). Cada série de Saros continua por 1.226 a 1.550 anos, com a zona do eclipse total movendo-se gradualmente de um polo a outro. Isso significa que, depois de notado um eclipse, pode-se prever com confiança que haverá outro 6.585,32 dias depois. O terço de dia a mais era um incômodo, porque significava que o eclipse não seria no mesmo lugar, mas a um terço da circunferência do mundo a partir da posição do primeiro. Mesmo assim, ele voltaria ao mesmo lugar de três em três ciclos. Há 42 ciclos de Saros em andamento a qualquer momento. Isso significa que, na verdade, há muitos eclipses, só que poucos são visíveis no mesmo lugar. Os ciclos de Saros foram registrados pela primeira vez em tabletes de argila da Babilônia. Os astrônomos não precisavam entender o que estava acontecendo para serem capazes de prever eclipses a partir do ciclo; eles só precisavam de dados suficientes para perceber o padrão e extrapolar a partir dele.

Como vimos, o filósofo grego Anaxágoras explicou corretamente os eclipses no século V a.C. — mas isso não lhes tirou o poder de alarmar. Não se sabe com certeza que eclipse Tales previu para dar a vantagem aos medas numa batalha contra os lídios (ver a página 35), mas é comum dizer que tenha sido o de 28 de maio de 585 a.C. Não há registro de como Tales previu o eclipse, mas, como conhecia a astronomia babilônica, é possível que tenha usado o ciclo de Saros.

A previsão exata de eclipses veio muito depois; o astrônomo inglês Edmond Halley (do cometa de Halley) previu o eclipse de 3 de maio de 1715 com precisão de

> *"Foi um eclipse total de cerca de 12 algarismos ou pontos. Além disso, tal escuridão surgiu sobre a Terra no momento mediano do eclipse que muitas estrelas apareceram. Sem dúvida, isso prenunciou as imensas e destrutivas calamidades que logo seriam impostas aos romanos pelos turcos."*
> Eclipse visto em Constantinopla (Istambul) em 25 de maio de 1267, em *Nicephori Egrégora Bizantinas Historiae*

Mapa desenhado por Edmond Halley mostrando o caminho da sombra da Lua sobre a Inglaterra durante o eclipse de 3 de maio de 1715. O eclipse total foi visível numa área que se estendia do Kent a York, a leste, e da Cornualha ao País de Gales a oeste.

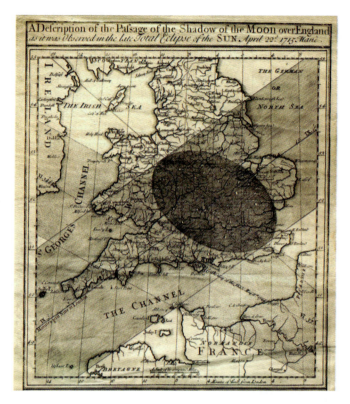

quatro minutos e seu caminho com precisão de 30 km.

Mesmo quando puderam ser previstos e explicados, os eclipses continuaram a ser associados a infortúnios e fonte de medo. Coincidências infelizes, como a morte do rei inglês Henrique I logo depois de um eclipse total visto em 2 de agosto de 1133, tenderam a reforçar essa conexão. No entanto, quando os seguidores de Maomé afirmaram que o eclipse que coincidiu com a morte de Ibrahim, o filho do profeta, era um milagre, Maomé negou e disse que os eclipses não têm relação nenhuma com os assuntos dos homens.

Tamanhos e distâncias

O matemático grego Aristarco foi o primeiro a tentar calcular a distância entre a Terra e o Sol. Ele percebeu que, quando a meia-lua era visível, o trio Terra-Sol-Lua formava um triângulo retângulo. Em sua única obra sobrevivente, *Dos tamanhos e distâncias*, escrita no século III a.C., ele estimou o ângulo entre a Lua e o Sol e calculou a razão das distâncias entre a Terra e o Sol e entre a Terra e a Lua. Ele achou que o ângulo era de 87° e concluiu que o Sol fica dezenove vezes mais longe do que a Lua. Infelizmente, sua estimativa do ângulo estava levemente errada; o ângulo real é de 89°51'. Esse pequeno erro gera uma diferença enorme na distância: o Sol é quatrocentas vezes mais distante do que a Lua. Mesmo assim, sua conclusão de que o Sol fica muito mais longe da Terra do que a Lua foi válida e importante. Sua

> *"[Tales] diz que os eclipses do Sol acontecem quando a Lua passa por ele em linha direta, já que a Lua é de caráter terreno; e parece aos olhos estar disposta sobre o disco do Sol."*
>
> Aécio de Antioquia, século I-II a.C.

ECLIPSES ÚTEIS

Os eclipses oferecem uma oportunidade para observações ou medições que não seriam possíveis em outro momento. Provavelmente, uma das primeiras pessoas a usá-los com esse fim foi Hiparco, que calculou a distância da Lua com base na paralaxe lunar medida durante um eclipse em 129 a.C. (ver a página 107).

O elemento hélio foi descoberto pelo astrônomo francês Jules Janssen (1824-1907), que observou o espectro do Sol durante um eclipse total em 18 de agosto de 1868. O hélio é o segundo elemento químico mais abundante do universo (24%), mas é raríssimo na Terra. Foi o primeiro elemento a ser descoberto no espaço antes de ser encontrado na Terra.

Em 1919, a observação de um eclipse total na ilha de Príncipe, perto da África, pelo astrônomo inglês Arthur Eddington (1882-1944) confirmou parte da teoria da relatividade geral de Albert Einstein (ver a página 179). Eddington observou a luz de estrelas próximas demais do Sol para serem vistas normalmente e que ficaram visíveis durante um eclipse. Ele conseguiu provar que o campo gravitacional do Sol curva a luz das estrelas, de modo que elas parecem estar numa posição um pouco diferente da real (ver a página 181). Esse efeito se chama lente gravitacional, hoje usado extensamente pelos astrônomos.

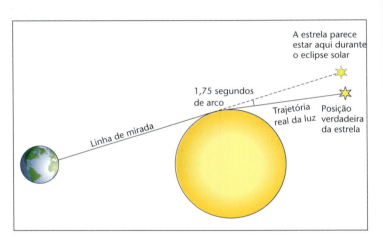

estimativa da distância foi aceita durante cerca de dois mil anos até que telescópios de boa qualidade possibilitaram medições mais exatas por paralaxe.

Como o Sol e a Lua parecem ter o mesmo tamanho no céu, mas o Sol (como ele acreditava) ficava dezenove vezes mais longe da Terra do que a Lua, Aristarco concluiu que o Sol tinha de ser dezenove vezes maior do que a Lua.

Rocha quente ou gás ardente?

A ideia de que o Sol é feito de fogo é intuitiva. Tem brilho forte, irradia calor

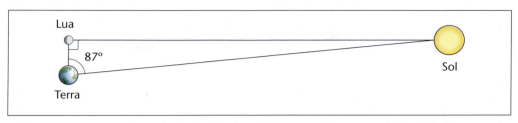

Aristarco estimou o ângulo entre o Sol e a Lua na Terra para embasar seu cálculo da distância entre a Terra a o Sol.

— com mais eficiência quando não obscurecido por nuvens — e pode até iniciar incêndios na Terra. Mas o fogo precisa de combustível, e, no caso do Sol, não era muito claro qual seria.

Por volta de 450 a.C., Anaxágoras propôs que na verdade o Sol é uma estrela. Esse foi um considerável salto da imaginação que exigiu uma percepção sofisticada do espaço tridimensional no qual as outras estrelas estão muito distantes. Ele achou que as estrelas eram pedras em fogo, e que o Sol é uma estrela tão próxima que parece muito maior do que as outras e podemos sentir seu calor na Terra. Ele chegou a fazer uma tentativa de calcular o tamanho do Sol, e achou que era maior do que o Peloponeso, uma grande península da Grécia (portanto, maior do que algumas centenas de quilômetros de diâmetro).

Num padrão que se tornaria comuníssimo, Anaxágoras foi preso e acusado de promover opiniões que contradiziam as crenças predominantes — ou seja, que o Sol não era um deus, mas uma pedra quente. Condenado à morte ou ao exílio pela corte ateniense, ele deixou a cidade e passou o resto da vida em Lâmpsaco, a leste do Helesponto.

Aristarco também sugeriu que o Sol é apenas uma estrela próxima (ou que as es-

Tabelas de eclipses do Códice de Dresden que mostram o método maia de calcular ou acompanhar eclipses. Os dados do eclipse estão nos três painéis da esquerda.

TERRA, LUA E SOL

Nas antigas Grécia e Roma, o Sol era representado por um cocheiro que todos os dias levava pelo céu seu carro puxado por quatro cavalos alados.

trelas são sóis distantes), mas, novamente, a ideia não pegou.

Apesar desses gregos de boa visão, a correlação entre o Sol e as estrelas se manteve inexplorada durante séculos. Mesmo quando pôs o Sol no centro do sistema solar, Copérnico nada teve a dizer sobre as estrelas e não as relacionou com o Sol; ele só estava interessado no movimento dos planetas em torno do Sol. O filósofo e astrônomo italiano dissidente Giordano Bruno (1548-1600) afirmou que o Sol é apenas uma dentre muitas estrelas e que a Terra é um dentre muitos mundos num universo infinito. O fato de ter sido queimado por heresia não ajudou a tornar a ideia mais popular.

É difícil dizer quando os cientistas começaram a considerar rotineiramente que o Sol fosse uma estrela, mas sem dúvida Christiaan Huygens (1629-1695) acreditava que as estrelas são sóis distantes. Ele chegou a fazer a primeira tentativa de calcular a que distância elas ficam (ver a página 187).

Não olhe agora

Observar o Sol diretamente pode causar cegueira, principalmente com um telescópio, e os primeiros astrônomos a usar o instrumento buscaram maneiras de mitigar o perigo. No início do século XVII, o astrônomo inglês Thomas Harriot olhou o Sol através da neblina ou de nuvens leves. Seu contemporâneo Galileu olhou o Sol diretamente apenas ao amanhecer e ao anoitecer, mas logo descobriu um método ainda mais seguro: projetar a imagem do Sol numa parede ou tela para observá-la. Tanto Harriot quanto Galileu descobriram as manchas solares, que aparecem como áreas escuras no Sol. Depois

O SOL

de observar que elas se movem, ambos deduziram que o Sol gira, e usaram a velocidade do movimento para calcular a rotação. Tanto as imperfeições do Sol quanto o fato de se mover contradiziam a opinião tradicional de que o Sol era perfeito e imutável. Embora Galileu ficasse cego na velhice, hoje não se acredita que a cegueira tenha sido causada pela observação do Sol.

Com o advento da fotografia, tornou-se possível registrar imagens do Sol tiradas com um telescópio sem nenhum risco para a visão. Warren de la Rue (1815-1889) foi um dos primeiros astrônomos a fotografar o Sol e estabelecer a fotografia como ferramenta da astronomia. Ele começou a tirar fotos diárias do Sol em 1858, e fotografou um eclipse total na Espanha em 1860. O astrônomo americano Charles A. Young também fotografou um eclipse em 1860 e foi capaz de mostrar que a coroa solar descrita por observadores anteriores era um fenômeno real: "uma camada ininterrupta de matéria proeminente envolve o Sol em todos os lados, formando um reservatório do qual se lançam jatos gigantescos, e na qual eles retrocedem." A capacidade de registrar a imagem de um fenômeno tão transiente e visto com tanta raridade foi inestimável.

> "O olho mais nobre já feito pela natureza se obscurece, um olho tão dotado e privilegiado com raras qualidades que, em verdade, se pode dizer que viu mais do que os olhos de todos os que já se foram e abriu os olhos de todos os que ainda virão."
> Galileu, carta ao padre Castelli, 1637

Com os aperfeiçoamentos, fotografia e telescópios começaram a revelar mais detalhes da atividade do Sol. Hoje, as fotografias tiradas do espaço, desimpedidas pela atmosfera da Terra, mostram o Sol em toda a sua glória. O Observatório de Dinâmica Solar da NASA, observatório espacial lançado em 2010, tira uma foto do Sol a cada doze segundos. A série de mais de um milhão de fotos permitiu que os astrôno-

No final do século XVII, o astrônomo holandês Christiaan Huygens foi o primeiro a tentar medir a distância das estrelas.

TERRA, LUA E SOL

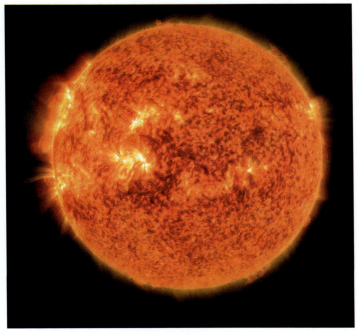

As imagens do Sol feitas pelo Observatório de Dinâmica Solar da NASA revelam uma superfície em fluxo e torvelinho constantes.

mos vissem a superfície enrugada e a rotação do Sol, medissem as erupções solares e observassem labaredas saltarem milhares de quilômetros no espaço.

A alimentação do Sol

Até há pouco tempo, considerava-se que a Terra e o Sol eram relativamente jovens. Em 1654, o arcebispo protestante irlandês James Usher (1581-1656) calculou a idade da Terra somando a idade de todos os patriarcas do Antigo Testamento. Ele determinou como data da criação o dia 23 de outubro de 4004 a.C., dando à Terra (e, portanto, ao Sol) menos de seis mil anos de idade na época do cálculo. Nos séculos XVIII e XIX, os avanços da geologia e da teoria evolutiva empurraram muito mais para trás o início da Terra — primeiro para cem mil anos, depois para milhões de anos.

Isso levou a um interesse renovado na fonte da energia do Sol e em quanto tempo ela duraria. Era claro que o Sol não queimava simplesmente combustível de um jeito conhecido na Terra. Nenhuma reação química normal se sustentaria tempo suficiente para alimentar o Sol durante milhões de anos.

Uma teoria era que a gravidade do Sol atraía meteoros, e que, quando estes caíam no Sol, liberava-se uma imensa explosão de energia. Mas não havia indícios de tamanho suprimento de meteoros nem de aumento da massa do Sol com a absorção de todos os meteoros explodidos. Em 1862, o físico irlandês William Thomson (mais tarde Lorde Kelvin) adaptou a teoria e propôs que a energia do Sol vinha da aglomeração inicial de muitos corpos menores do sistema solar. Quando foram atraídos e esmagados pela gravidade para formar o Sol e se tornaram ainda mais densos, gerou-se uma quantidade imensa de energia. Assim, o Sol era "um líquido incandescente que está perdendo calor". Isso aproveitava a proposta do físico alemão Hermann von Helmholtz de que o Sol começara sua vida quando pequenas partículas e até poeira foram lentamente atraídas cada vez mais pela gravidade. Mas

O SOL

> "Parece, portanto, muito provável como um todo que o Sol não tenha iluminado a Terra por 100.000.000 de anos, e quase certo que não o fez por 500.000.000 milhões de anos. Quanto ao futuro, podemos dizer, com igual certeza, que os habitantes da Terra não podem continuar a gozar da luz e do calor essenciais para sua vida durante muitos milhões de anos, a menos que fontes hoje desconhecidas estejam preparadas no grande armazém da criação."
>
> William Thomson,
> "On the Age of the Sun's Heat" (Sobre a idade do calor do Sol), 1862

os cálculos de Thomson mostraram que o Sol não conseguiria sustentar a produção de energia por mais de uns vinte milhões de anos no ritmo de produção de energia solar estimado pelo físico francês Claude Pouillet, embora admitisse que a densidade maior no centro poderia aumentar isso para cem milhões de anos. Então, Thomson baseou sua estimativa da idade do Sol na teoria de quanto tempo duraria o suprimento de energia. A estimativa final publicada em 1897 foi de vinte a quarenta milhões de anos, provavelmente mais próxima de vinte milhões. Mesmo na época, a geologia e a biologia evolutiva indicavam uma idade muito maior. Em 1895, John Perry, ex-assistente de Thomson, publicou um artigo propondo que a idade da Terra era de dois ou três bilhões de anos.

O argumento de Thomson logo sofreu outro golpe. A radioatividade foi descoberta pelos cientistas franceses Henri Becquerel e Marie Curie, e o método de datação radiométrica, desenvolvido nos primeiros anos do século XX. Em 1911, uma amostra de rocha foi datada em 1,6 bilhão de anos, e em 1956 determinou-se a idade de 4,55 bilhões ± 0,07 milhão de anos.

A radioatividade em si tornou-se, então, uma nova candidata a fonte de energia do Sol. Um cálculo de 1903 indicava que, se houvesse apenas 3,6 gramas de rádio em cada metro cúbico do Sol, seu decaimento produziria energia suficiente para explicar a produção energética solar.

O verdadeiro rompimento veio em 1905, com a famosa equação de Albert Einstein, $E = mc^2$, que iguala energia e matéria. Ficou claro que a energia do Sol podia vir dos átomos.

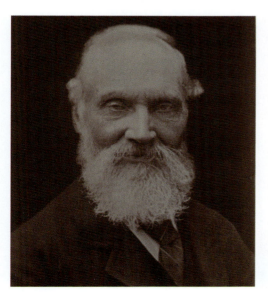

William Thomson, mais tarde Lorde Kevin, foi um dos grandes físicos do século XIX, mas agarrou-se teimosamente à crença de que o Sol é relativamente jovem.

TERRA, LUA E SOL

Apresentando... o hélio!

A questão de como o Sol funciona não poderia ser resolvida sem saber do que ele é feito. A resposta a essa questão veio com o desenvolvimento da espectroscopia. Fraunhofer descobriu a espectroscopia em 1814 olhando a luz do Sol e encontrando o espectro do hidrogênio. Embora interessante, isso não ajudou imediatamente a resolver o problema.

Outra pista veio em 1868, quando dois astrônomos que trabalhavam de forma independente, Norman Lockyer, na Inglaterra, e Pierre Janssen, na França, descobriram uma linha amarela no espectro do Sol que não combinava com nenhum elemento conhecido. Ousada e corretamente, Lockyer propôs que ela representava um novo elemento não encontrado na Terra. Ele lhe deu o nome de hélio, do grego *Helios*, o deus do Sol.

O combustível revelado

Cecilia Payne-Gaposchkin (1900-1979), uma jovem inglesa, foi a primeira mulher a fazer doutorado no Observatório de Harvard. Sua tese teve brilho sem igual. *Stellar Atmospheres* (atmosferas estelares) revelou que, embora o Sol contenha elementos semelhantes aos encontrados na Terra mais o hélio, há uma diferença considerável em sua proporção. Ela declarou que a maior parte da atmosfera do Sol é de hidrogênio, segundo ela um milhão de vezes mais abundante do que os outros elementos. O principal astrônomo americano da época, Henry Norris Russell (1877-1957), discordou, dizendo que isso era "claramente impossível", e convenceu Payne-Gaposchkin a aceitar que seus achados estavam errados. Mas ela logo foi reconhecida. Pouco tempo depois, Russell chegou à

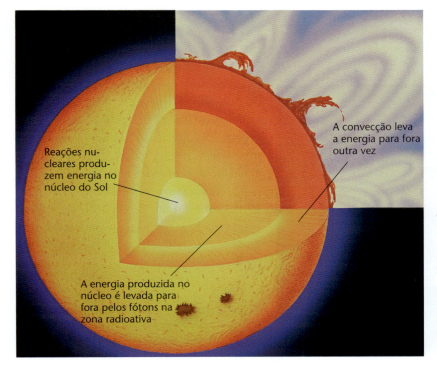

Devido à densidade do Sol, a energia produzida em seu núcleo segue uma trajetória longa e sinuosa até a superfície. Um fóton pode levar de quatro mil a um milhão de anos para viajar do núcleo à superfície.

120

O SOL

mesma conclusão e publicou seus achados em 1929, com todo o crédito a Payne-Gaposchkin. Com o apoio dele, a ideia de que as estrelas são feitas principalmente de hidrogênio logo foi aceita. Assim se lançaram as bases para descobrir como o Sol e todas as outras estrelas funcionam.

Arthur Eddington, antigo mentor de Payne-Gaposchkin, propôs em 1927 que o Sol podia ser movido a fusão nuclear, com as temperaturas intensas do núcleo forçando as moléculas de hidrogênio a se fundirem para formar hélio. Eddington era especialista na teoria da relatividade de Einstein e sabia muito bem que, em última análise, energia e matéria são intercambiáveis. No mesmo ano, trabalhando de forma independente, Jean Baptiste Perrin teve a mesma ideia na França. Ela só seria comprovada em 1939.

Hans Bethe, cientista alemão de mãe judia, saiu da Alemanha com a ascensão dos nazistas e foi para os EUA, onde mais tarde trabalhou no Projeto Manhattan, o programa secreto para construir uma bomba de hidrogênio durante a Segunda Guerra Mundial. Bethe viu a ligação entre o projeto e o Sol. Ele calculou que, no núcleo do Sol, a temperatura é tão alta que os átomos se desintegram, perdendo seus elétrons. Os núcleos dos átomos de hidrogênio (cada um contendo um nêutron e um próton) viajam em pares, porque o

Cecilia Payne-Gaposchkin descobriu a composição das estrelas, mas a princípio sua conclusão foi rejeitada como "impossível".

hidrogênio forma moléculas diatômicas. O calor e a pressão imensos os forçam a se aproximar com tanta força que alguns se fundem, tornando-se núcleos de hélio. (O hélio tem dois prótons e dois nêutrons no núcleo.) O núcleo de hélio resultante tem uma massa marginalmente menor do que os dois núcleos de hidrogênio: 0,7% da massa se converte em energia, que é liberada. Essa energia alimenta o Sol. Esse agora é o Modelo Solar Padrão. Todas as estrelas funcionam da mesma maneira.

AINDA FORTE

Todo ano, o Sol converte quatro milhões de toneladas de sua massa em energia — e vem fazendo isso nos últimos cinco bilhões de anos. Ainda lhe resta muito: ele só usou um milésimo de sua massa dessa maneira.

CAPÍTULO 5

Revelado o SISTEMA SOLAR

O Sol prende esses mundos — a Terra, os planetas, a atmosfera — a si com uma linha.

Yajnavalkya,
filósofo védico, século VII a.C.

Os cinco planetas visíveis a olho nu — Mercúrio, Vênus, Marte, Júpiter e Saturno — são conhecidos desde a pré-história. Os primeiros registros astronômicos revelam que alguma diferença entre os planetas e as estrelas já era conhecida. Mas só soubemos até que ponto o nosso sistema solar é uma unidade e o modo como ele se relaciona com o resto do universo nos últimos quatrocentos anos.

Nosso sistema solar: os corpos rochosos e gasosos dos planetas e sua miríade de luas ainda estão revelando seus segredos.

REVELANDO O SISTEMA SOLAR

A exploração dos planetas

As observações de Vênus registradas no século VII a.C., mas provavelmente datadas do segundo milênio a.C., mostram que os astrônomos babilônicos e, com quase certeza, sumérios sabiam que os planetas ou "estrelas móveis" se deslocavam de forma diferente das "estrelas fixas". A descrição aristotélica e ptolomaica do céu punha as estrelas fixas na esfera mais externa, além dos planetas. Em essência, ela considerava a Lua, o Sol e os cinco planetas visíveis a olho nu praticamente da mesma maneira, todos orbitando a Terra num círculo deslocado ou "deferente". Com o modelo coperniciano, a Terra ocupou seu lugar de planeta, e o Sol e a Lua cederam seus lugares de planetas *de facto*. O sistema solar foi definido e, com o advento do telescópio, abriu-se ao estudo.

Mesmo sem telescópio, os antigos perceberam a tonalidade avermelhada de Marte, mas nenhum outro detalhe dos planetas podia ser visto. Os planetas além de Saturno não eram visíveis, e permaneceram ocultos mesmo quando Galileu voltou seu primeiro telescópio para o céu noturno.

Montes de luas

As primeiras grandes descobertas de Galileu foram relativas à Lua (ver a página 104), mas ele logo descobriu que a Lua não era o único satélite natural do sistema solar. Quando voltou seu telescópio para Júpiter, ele viu três estrelas fracas ao lado do planeta O extraordinário era que, em noites subsequentes, as "estrelas fracas" estavam em lugares diferentes, mas sempre perto de Júpiter. Dali a algum tempo, ele descobriu que uma delas sumia, depois reaparecia e, finalmente, uma quarta ficou visível. Uma grande parte de *Siderius Nuncius* ou *O mensageiro das estrelas* (ver a página 80) se ocupa do acompanhamento dos corpos misteriosos que ele chamou de estrelas medicianas para granjear os favores de Cosmo de Médici. Ele notou que as estrelas se mo-

Os romanos representavam os cinco planetas como deuses. Aqui, Mercúrio entrega Baco ainda bebê aos cuidados das ninfas.

A EXPLORAÇÃO DOS PLANETAS

Galileu observou e esboçou os arranjos de Júpiter e suas luas.

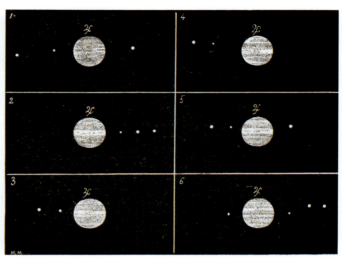

viam com Júpiter contra o fundo de estrelas fixas e que variavam de tamanho, noite a noite.

Galileu concluiu corretamente que esses corpos orbitavam Júpiter. São Ganimedes, Io, Europa e Calisto, as quatro maiores luas de Júpiter e hoje chamadas de luas galileanas. Ele notou que seus movimentos não formavam um padrão constante, o que atribuiu corretamente à órbita diferente de cada lua. Ele errou ao pensar que a variação do tamanho aparente das luas se devia a uma camada de atmosfera (uma "esfera vaporosa") que Júpiter teria em torno de si. Ele achou que isso faria os planetas parecerem mais fracos quando vistos através dela e mais brilhantes quando estivessem à frente dela. Galileu propôs que todos os planetas do sistema solar (e a Lua) deveriam ter atmosfera, mas não tratou mais do assunto. Talvez o fato de a atmosfera indicar a possibilidade de vida fosse um passo grande demais na estrada da heresia, ainda mais porque só fazia dez anos que Giordano Bruno, da teoria dos "infinitos mundos", tinha sido queimado na fogueira (ver a página 194); a cautela era compreensível.

GANIMEDES AVISTADO?

O astrônomo chinês Gan De fez observações detalhadas de Júpiter e, em 365 a.C., relatou ter visto uma pequena estrela de tom avermelhado ao lado do planeta. O historiador chinês da astronomia Xi Zezong (1927-2008) defendeu que era Ganimedes visto a olho nu. No entanto, não há razão nenhuma para Ganimedes parecer vermelho, pois sua superfície é feita de silicatos e gelo d'água.

"Descobri outra maravilha muito estranha que gostaria de divulgar [...]mantendo o segredo, contudo, até a época em que minha obra for publicada [...] a estrela de Saturno não é uma estrela única, mas um composto de três, que quase se tocam, nunca mudam nem se movem em relação umas às outras, e se organizam em fila ao longo do zodíaco, a do meio sendo três vezes maior do que as laterais, e situadas dessa forma: oOo."

Galileu, 1610

125

REVELANDO O SISTEMA SOLAR

Os anéis de Saturno são finíssimos, e quando o planeta está com a inclinação correta ao ser visto da Terra eles desaparecem — fato que muito perturbou Galileu.

As orelhas problemáticas de Saturno

Galileu se voltou para Saturno e descobriu que esse planeta apresentava seus próprios enigmas. Ele notou projeções para os lados "parecidas com orelhas".

Observadores subsequentes acharam que o planeta era oval, mas Galileu atribuiu isso ao uso de telescópios inferiores. Era perturbador que os satélites, se é que eram satélites, fossem tão maiores em relação ao planeta do que os satélites de

---

ANAGRAMAS PARA PROVAR PRIORIDADE

Antes da época do estabelecimento da prioridade com a publicação de um artigo numa revista, os cientistas precisavam de métodos diferentes para reivindicar uma descoberta durante o longo período anterior à publicação de um livro. Um dos métodos era publicar um anagrama que contivesse a descoberta codificada. O anagrama poderia ser revelado se aparecesse mais alguém com a mesma descoberta antes da publicação. O anagrama de Galileu para a descoberta da forma esquisita de Saturno foi: "s m a i s m r m i l m e p o e t a l e u m i b u n e n u g t t a u i r a s".

Resolvido, o anagrama era *Altissimum planetam tergeminum observavi,* ou "Observei a forma tríplice do mais alto planeta". Com 37 letras, não seria fácil reconfigurá-lo de forma diferente para reivindicar a descoberta de outro cientista — embora Kepler acreditasse ter resolvido o anagrama, rearrumado como *Salue umbistineum geminatum Martia proles* ("Salve, companheiros gêmeos, filhos de Marte") para divulgar a descoberta de duas luas em torno de Marte! Em 1656, o matemático holandês Christiaan Huygens criou um anagrama para codificar sua teoria sobre Saturno, revelando-o por completo no livro de 1659 (ver na página 127).

A EXPLORAÇÃO DOS PLANETAS

Huygens ilustrou as diversas aparências de Saturno em seu Systema Saturnium *(1659) e delineou sua teoria de um anel grosso e sólido em torno do planeta.*

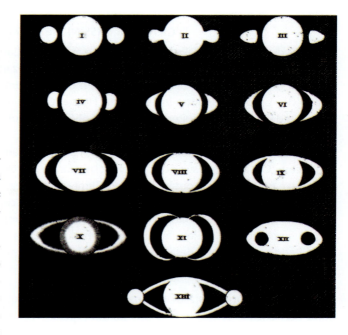

Júpiter. Ainda mais perturbador para Galileu foi sua observação em 1612 de que as "orelhas" tinham desaparecido.

Em 1656, Johannes Hevelius propôs que Saturno seria um elipsoide com crescentes nos dois lados. A rotação em torno do eixo menor no plano dos crescentes explicaria todas as aparências do planeta. Poucos levaram a sério essa explicação. Então, em 1658, Christopher Wren (mais conhecido como o arquiteto da Catedral de São Paulo, em Londres) sugeriu que havia uma coroa finíssima em torno do planeta, cujo eixo principal orbitava. O problema foi finalmente resolvido por Huygens e revelado em 1659: ele sugeriu que havia um anel fino e chato cercando o planeta, sem tocá-lo.

Huygens acreditava que o anel era sólido, mas em outros aspectos sua solução estava correta. Jean Chapelain (1595-1674) sugeriu, em 1660, que o anel era feito de muitos pedacinhos ou satélites pequeníssimos, mas ele era mais conhecido como crítico e poeta e foi praticamente

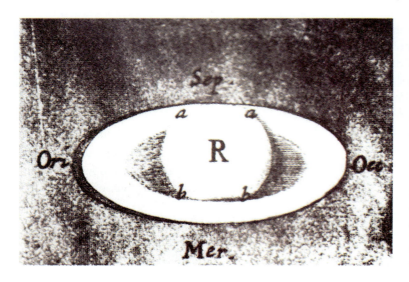

O desenho de Saturno feito em 1666 por Robert Hooke mostra claramente a separação entre anel e planeta.

127

REVELANDO O SISTEMA SOLAR

GIOVANNI CASSINI (1625-1712)

Depois do interesse inicial por matemática e astrologia, Cassini voltou-se para a astronomia e trabalhou de 1648 a 1669 no Observatório de Panzano e foi professor de Astronomia na Universidade de Bolonha. Em 1669, mudou-se para Paris para montar o observatório de lá. Com o cientista inglês Robert Hooke, Cassini recebe o crédito da descoberta da grande mancha de Júpiter por volta de 1665. Ele descobriu quatro luas de Saturno e a falha nos anéis, hoje conhecida como divisão de Cassini.

Em 1672, Cassini ficou em Paris enquanto o colega Jean Richer ia a Caiena, na Guiana Francesa. Cada um em sua posição, eles observaram Marte ao mesmo tempo e usaram a paralaxe para calcular a distância entre a Terra e o planeta. Esse foi o primeiro cálculo da distância entre planetas do sistema solar usando um telescópio.

Cassini também foi uma das primeiras pessoas a ter sucesso na medição da longitude. Ele a empregou no projeto ambicioso de medir a França com precisão, mas chegou ao resultado politicamente desapontador de que o país era muito menor do que se pensava.

---

ignorado. A maioria dos astrônomos continuou convencida de que o anel era sólido. O astrônomo italiano Giovanni Cassini propôs, em 1675, que Saturno tem numerosos anéis, com lacunas entre eles. Em 1858, o físico James Clerk Maxwell mostrou matematicamente que o anel tinha de se compor de pedaços com no máximo alguns centímetros de diâmetro. Na verdade, as partículas do anel variam de alguns mícrons ao tamanho de montanhas. São principalmente de gelo, com algum pó de rochas, e há muito espaço vazio entre os pedaços de matéria sólida.

CASSINI VAI A SATURNO

Lançada em 1997, a missão Cassini-Huygens para explorar Saturno com seus anéis e luas recebeu o nome de dois astrônomos, Giovanni Cassini e Christian Huygens. Era formada por uma espaçonave orbital, Cassini, e um módulo de pouso, Huygens. O módulo pousou em Titã e revelou os lagos de metano que cobrem boa parte da superfície desse satélite. A nave orbital Cassini descobriu que os anéis de Saturno têm, em média, apenas 30 m de espessura, o que explica por que ficam invisíveis quando vistos longitudinalmente da Terra. A missão gerenciada pela NASA é uma colaboração de dezessete países.

Júpiter: manchas, faixas e tempestades

Giovanni Cassini também foi o primeiro a notar a grande mancha vermelha de Júpiter e desenhou as manchas e faixas do planeta na década de 1660. É com base na descrição de Cassini que a maioria dos astrônomos atuais acredita que a grande mancha vermelha é uma tempestade que vem acontecendo há pelo menos 350 anos. Mas não se sabe quando apareceu nem mesmo se a mesma tempestade existe continuamente desde a época de Cassini.

Quantos planetas?

Embora tenham descoberto as luas de Júpiter e Saturno, os astrônomos do século

A mancha vermelha de Júpiter, claramente visível nesta foto da NASA, representa uma tempestade que provavelmente vem desde o tempo de Cassini e talvez tenha centenas ou milhares de anos.

XVII não acrescentaram novos planetas ao sistema solar. Isso só mudaria com uma descoberta do fim do século XVIII que foi uma surpresa para todos, inclusive para o astrônomo responsável.

Cometa, não

William Herschel era um construtor entusiástico de telescópios (ver a página 84). Em 1781, ele caçava estrelas duplas — pares de estrelas tão próximas que parecem uma única estrela brilhante, a menos que suficientemente ampliadas — quando achou o que parecia ser uma estrela em movimento. Supôs ter encontrado um cometa e o buscou em noites subsequentes. Mas o objeto se deslocava devagar demais para um cometa. Além disso, em vez de um ponto de luz ele era um disco desfocado de luz. Para ser tão brilhante, um cometa precisaria estar perto do Sol, mas aquele se movia devagar demais para que assim fosse. Com base nisso, Herschel deduziu que encontrara um novo planeta — o primeiro a ser descoberto desde a época pré-histórica.

REVELANDO O SISTEMA SOLAR

Urano, o planeta gelado, tem um sistema de anéis bem tênue, descoberto em 1977 — mas Herschel declarou ter visto anéis em 1789. Alguns astrônomos acham improvável que ele realmente os tenha visto.

Ele queria chamar o novo planeta de George em homenagem ao rei Jorge III, mas outros astrônomos europeus não gostaram da ideia e o chamaram de Urano. Contente com a grande descoberta feita em solo britânico, o rei concedeu a Herschel uma pensão generosa em reconhecimento. Isso permitiu a Herschel abandonar o emprego diário de músico e se concentrar na astronomia com o auxílio da irmã Caroline, que se tornaria uma astrônoma de talento por direito próprio. A pensão também lhe permitiu construir mais telescópios maiores. Ele e Caroline descobriram mais luas e compilaram um catálogo de 2.500 estrelas.

Na verdade, é provável que Urano tenha sido observado em 1690, quando se pensou que fosse uma estrela da constelação de Touro, mas antes de Herschel nenhum astrônomo tinha um telescópio com potência suficiente para ver a "estrela" como o disco de um planeta. Quando Herschel buscou confirmação da descoberta com outros astrônomos, nenhum deles conseguia ver o que ele via, pois seus telescópios eram inferiores ao dele.

É difícil imaginar o impacto de um novo planeta no século XVIII. Embora a ciência não fosse mais contida pela insistência da Igreja na natureza imutável do universo, o acréscimo de Urano fez com que o sistema solar dobrasse de tamanho de repente.

QUANTOS PLANETAS?

O planeta que faltava

Em 1766, o astrônomo alemão Johann Titius mostrou que o espaçamento dos planetas segue um padrão aproximado e previsível, com exceção do espaço entre Marte e Júpiter, onde deveria haver um planeta que há. Kepler já notara essa lacuna. Alguns anos depois, em 1778, Johann Bode formulou essa relação com uma expressão matemática grosseira (conhecida como lei de Bode ou de Titius-Bode) e previu que deveria haver um planeta na lacuna.

Em 1800, o barão e astrônomo húngaro Franz Xaver von Zach formou um clube com mais 24 astrônomos chamado Sociedade Astronômica Unida (ou, às vezes, "Polícia Estelar"). William Herschel era um dos membros, e o monge italiano Giuseppe Piazzi (1746-1826) foi convidado a participar. Antes de aceitar (ou talvez de receber) o convite, Piazzi achou que tinha descoberto o planeta que faltava. Exatamente na órbita prevista, ele encontrou um objeto que parecia uma estrela, mas se movia como um planeta. Só que, por mais que fosse ampliado, ele nunca se parecia com um disco. Piazzi observou o objeto durante 41 dias, mas adoeceu e foi incapaz de continuar. Quando se recuperou, o objeto se movera para perto demais do Sol para ser visível.

Encontrar esse planeta que faltava foi um desafio para os matemáticos da época. O astrônomo francês Pierre-Simon Laplace (1749-1827) disse que era impossível. Mas, em dezembro de 1801, um matemático alemão relativamente desconhecido na época fez seu nome ao calcular a órbita e prever com exatidão onde o corpo seria encontrado. Chamava-se Carl Friedrich Gauss (1777-1855) e na época tinha apenas 24 anos. Gauss, que mais tarde se tornou um matemático e astrônomo famoso, nunca revelou totalmente seu método. O objeto foi chamado de Ceres. Quinze meses depois, Heinrich Olbers, outro integrante da sociedade, encontrou um segundo objeto quase idêntico em órbita muito semelhante. Herschel sugeriu que eles deveriam se chamar "asteroides", ou "parecidos com estrelas" em grego. Outros dois apareceram em 1807 e mais um em 1845. O ritmo aumentou, e logo os asteroides apareciam em abundância, até que chegarem a 23 planetas em meados do século. Era claro que estava na hora de repensar. Como Herschel cunhara o termo "asteroide" em 1802, Ceres e seus companheiros foram assim reclassificados, ficando apenas os sete planetas conhecidos, inclusive a Terra. Mas ninguém pensou em criar uma definição formal de planeta, deixando a porta aberta para problemas futuros.

A contagem de asteroides continuou a aumentar: chegou aos cem em 1868, aumentou para mil em 1921 e para mais de cem mil em 2000. Hoje, sabe-se que são milhões, e seu tamanho varia dos planetas anões às partículas microscópicas.

Olbers sugeriu a Herschel que o cinturão de asteroides (como se chama hoje) pode ter sido formado pela destruição de um planeta grande na vaga orbital entre Marte e Júpiter. Popular por algum tempo, hoje essa teoria foi praticamente rejeitada. A composição de todos os asteroides não é igual, como seria de esperar com a destruição de um único planeta. E, embora eles

REVELANDO O SISTEMA SOLAR

Os asteroides orbitam o Sol, a maioria num largo cinturão entre Marte e Júpiter.

sejam muitos, também há muito espaço vazio no cinturão. A massa total estimada de todo o material dos asteroides chega a apenas 4% da massa da Lua, pouquíssimo para formar um planeta. Atualmente, acredita-se que o cinturão de asteroides representa um "planeta faltante" que deixou de se formar no disco protoplanetário do início do sistema solar. Talvez não tenha conseguido se juntar pela imensa atração da gravidade de Júpiter. Nesse caso, o cinturão de asteroides é uma relíquia útil dos primeiros dias do sistema solar.

Continua a caça a planetas

Pouco depois da descoberta de Urano, anomalias de sua órbita ficaram visíveis. Em 1808, o astrônomo e matemático francês Alexis Bouvard (1767-1843) publicou tabelas que detalhavam as órbitas de Júpiter e Saturno. Como a órbita de Urano tem 84 anos e só fazia 27 que fora descoberto, não havia dados suficientes para Bouvard incluí-lo nas tabelas, mas ele queria o planeta na próxima publicação e decidiu procurar registros históricos de corpos que, retrospectivamente, pudessem ser reconhecidos como Urano. Com eles, o francês previu sua órbita; mas nos anos seguintes o planeta não se comportou como esperado. Bouvard propôs a presença de outro planeta que exerceria força gravitacional sobre Urano, mas não conseguiu ajuda para encontrá-lo.

Em 1846, três anos somente depois da morte de Bouvard, o planeta esperado foi encontrado e batizado de Netuno. O astrônomo francês Urbain Le Verrier e o britânico John Couch Adams previram, de forma independente, a posição do planeta adicional com base nas tabelas de Bouvard. Le Verrier não teve sorte em interessar os astrônomos franceses na busca e mandou seus dados para o Observatório de Berlim, onde, na primeira noite em que o procurou, Johann Gottfried Galle encontrou

Netuno a apenas um grau da localização prevista. O planeta estava a doze graus da posição prevista por Adams. A disputa sobre a precedência foi resolvida dando-se o crédito da descoberta a Adams e a Le Verrier. Tritão, a maior lua de Netuno, foi encontrada apenas dezessete dias depois do planeta. O período orbital de 165 anos de Netuno faz com que apenas um "ano netunal" tenha se passado desde sua descoberta.

Olhe mais de perto: o Planeta Vermelho

Marte foi observado desde a pré-história, e sua tonalidade vermelha era bem conhecida. Tycho Brahe fez observações regulares do planeta e se esforçou para marcar sua órbita precisa. Kepler usou observações com aproximadamente um ano marciano de distância como base de seus cálculos de paralaxe e calculou que a distância entre Marte e o Sol seria 1,5 vezes a

Netuno, outro planeta gelado e o mais distante conhecido, tem sistemas climáticos ativos que se manifestam com manchas e espirais.

REVELANDO O SISTEMA SOLAR

VIDA EM MARTE?

Marte parecia oferecer a melhor possibilidade de vida fora da Terra desde as primeiras descobertas de Herschel (ver ao lado). O astrônomo amador americano Percival Lowell se convenceu de que havia em Marte canais construídos por seres inteligentes, ideia que promoveu com entusiasmo. Isso alimentou a imaginação de muitos escritores como H. G. Wells, cuja *Guerra dos mundos* (1898) imagina a invasão da Terra por seres de Marte. Na ficção científica, o planeta vermelho continuou a ser a fonte preferida de alienígenas durante a maior parte do século XX, assim como a melhor probabilidade de encontrar vida no sistema solar. Mas as sondas enviadas a Marte nas décadas de 1960 e 1970 revelaram uma paisagem árida e rochosa. O sonho de vida inteligente e abundante foi sufocado.

Hoje em dia, a NASA diz que Marte teve água líquida no passado e pode ter água líquida sob a superfície, mas atualmente o planeta é frio demais para água na superfície. Pode ter havido vida microscópica no passado; missões atuais e futuras tentarão encontrar provas disso.

distância entre a Terra e o Sol.

Marte não parecia ter luas nem anéis, e nada interessante podia ser visto com os primeiros telescópios. O planeta só começou a revelar seus segredos em meados do século XVII. Huygens desenhou um esboço de Marte em 1659 ou antes, mas era apenas um rabisco com uma sombra num círculo. Mesmo assim, ele viu a mancha escura com constância suficiente para avaliar o período rotacional de Marte, que declarou ser de 24 horas. Em 1666, Cassini notou as calotas polares de Marte sem perceber o que eram. Mas foi no final do século XVIII que Marte se mostrou realmente interessante. Herschel observou Marte extensamente e tirou algumas conclusões instigantes. Em pri-

Marte, o planeta rochoso mais parecido com a Terra e, com frequência, nosso vizinho mais próximo, parece vermelho pela preponderância de óxido de ferro na superfície.

Desenho de Marte com "canais" e áreas escuras feito por Percival Lowell em 1896. Ele acreditava que os marcianos tinham construído os canais para transportar água dos polos para irrigar suas terras.

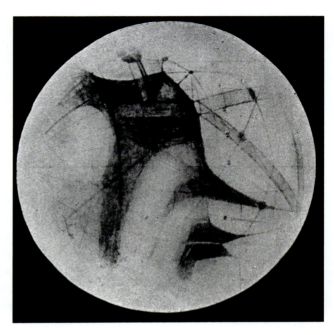

meiro lugar, Marte se inclina sobre seu eixo, como a Terra, portanto tem estações no decorrer do ano, embora esse ano seja cerca do dobro do ano terrestre. As calotas polares crescem e diminuem com as estações, e ele achou que poderiam ser de neve e gelo como as da Terra. Herschel calculou a duração do dia de Marte em 24 horas, 39 minutos e 22 segundos, apenas 14 segundos mais curto do que o valor atualmente aceito. Ele acreditava ter visto nuvens se moverem sobre a superfície do planeta e propôs que as áreas escuras e claras que se alternavam podiam ser vegetação com florada sazonal. Aos poucos, a ideia de que poderia haver vida em Marte foi surgindo.

A órbita de Marte o traz para mais perto da Terra a cada 15 a 17 anos. Foi em 1877, num desses períodos, que o astrônomo americano Asaph Hall (1829-1907) avistou as duas pequenas luas de Marte e as batizou de Fobos e Deimos. No mesmo ano, o astrônomo italiano Giovanni Schiaparelli (1835-1910) fez o primeiro mapa detalhado de Marte. Ele descreveu linhas que cruzavam a superfície de Marte, chamou-as de *canali* e lhes deu o nome de rios da Terra. Mais tarde, foi demonstrado que as linhas eram um efeito óptico e não uma característica do planeta, mas a engrenagem já começara a girar. A ideia de "canais" empolgou muita gente, inclusive um rico empresário americano muito interessado em astronomia. Percival Lowell (1855-1916) calculou que Marte ficaria mais perto da Terra em 1894 e decidiu construir um observatório para ver com clareza a superfície do planeta. O Observatório Lowell, em Flagstaff, no estado americano do Arizona, foi inaugurado em 1894 a tempo de Marte ser observado, e Lowell desenhou seus mapas dos "canais" de Marte. A ideia de vida em Marte se tornou popularíssima, inspirou contos de ficção científica e estabeleceu um tema mantido no século XX. Mas o desenvolvimento de telescópios melhores logo removeu o ruído dos *canali*; em 1909, o astrônomo francês Camille Flammarion conseguiu ver padrões em Marte, mas não canais.

Planeta X, O ou Hipérion

Netuno explicou parte da discrepância da órbita de Urano, mas ela ainda não era como se esperava. Vários astrônomos propuseram que algum planeta ainda mais distante se escondia na escuridão, mas demonstraram mais habilidade para lhe dar nome do que para encontrá-lo. Em 1848, o físico francês Jacques Babinet propôs chamá-lo de Hipérion; em 1892, seu conterrâneo Gabriel Dallet o chamou de Planeta X; o astrônomo americano William Henry Pickering preferia Planeta O. A caça ao planeta misterioso começara.

Depois de desenhar suas imagens de Marte em 1894 e o Planeta Vermelho sair de moda, Lowell ficou com o observatório ocioso. Ele passou a procurar o misterioso "Planeta X" e contratou uma equipe de astrônomos que levou anos na busca. Ela foi realizada com fotografias de uma área do céu, noite após noite, comparadas para encontrar algo que tivesse se mexido. Lowell morreu em 1916 de hemorragia cerebral, mas a busca continuou.

Quando Lowell morreu, o homem que acabou achando o "Planeta X" tinha apenas 10 anos. Clyde Tombaugh (1906-97) cresceu em fazendas dos estados americanos de Illinois e Kansas. Não tinha estudo formal em astronomia, mas começou a construir seus próprios telescópios em 1926. Para abrigá-los, cavou um fosso que também servia de tulha e abrigo para a família. Em 1928, Tombaugh construiu um telescópio com o virabrequim de um Buick 1910 e peças de um separador de creme; os espelhos refletores foram feitos por ele mesmo. Ele usava o aparelho para observar Júpiter e Marte e desenhar o que via e enviou os desenhos ao Observatório Lowell na esperança de obter uma opinião profissional. Em vez disso, ganhou um emprego.

Bem na época em que Tombaugh enviou seus desenhos, o Observatório procurava alguém que trabalhasse com o "comparador cego", um aparelho que alternava rapidamente duas fotografias para facilitar a comparação. Em teoria, qualquer movimento de objetos em primeiro plano seria fácil de perceber, mas, como havia até um milhão de estrelas em cada foto, a coisa não era tão simples assim. Tombaugh entrou

Clyde Tombaugh em 1928 com seu telescópio feito em casa.

QUANTOS PLANETAS?

Venetia Burney aos 11 anos, quando deu nome a Plutão.

no projeto em 1929 e encontrou o planeta no início do ano seguinte. O concurso mundial para dar nome ao "Planeta X" foi vencido por Venetia Burney, uma menina inglesa de 11 anos, que propôs o nome Plutão, do deus grego do mundo subterrâneo. Ela ganhou um prêmio de cinco libras esterlinas. Tombaugh, que morreu em 1997, teve uma recompensa bastante especial (embora demorada). Em 2006, suas cinzas foram levadas até Plutão pela missão New Horizons da NASA, uma sonda espacial enviada para estudar o planeta descoberto por ele.

O desplanetamento de Plutão

O reinado de Plutão como planeta durou relativamente pouco. Assim como o século XIX viu uma chuva de asteroides que poderiam ser planetas, o XXI viu outra chuva de possíveis planetas. Dessa vez, em vez de estar no cinturão de asteroides, eles ficavam além da órbita de Netuno. O primeiro foi Sedna, encontrado em 2003 pelo astrônomo americano Michael Brown (n. 1965) Quando corpos de tamanho e órbita semelhantes se seguiram, ficou claro que o céu logo poderia estar novamente lotado de planetinhas. Em 2006, a União Astronômica Internacional (UAI)

Hoje Plutão é considerado um dos muitos planetas-anões ou grandes objetos de Kuiper do cinturão de Kuiper, além da órbita de Netuno.

137

REVELANDO O SISTEMA SOLAR

PLANETA X — A REPRISE

O Planeta X original acabou materializado como Plutão, mas o nome Planeta X está sendo novamente usado. Parece um mundo alienígena de um filme barato de ficção científica, e o planeta que talvez exista assumiu uma vida que caberia bem nesse gênero. Muitos astrônomos preferem o nome "Planeta Nove", por ser menos evocativo de teorias lunáticas. Existe a proposta científica de que pode haver outro planeta além da órbita de Plutão e também uma tendência da astronomia especulativa de "achar" um planeta aparentemente conhecido pelas antigas civilizações, mas depois perdido.

Em teoria, é possível que um planeta ou planeta-anão com uma órbita muito excêntrica possa ter se aproximado da Terra a ponto de ser visto milhares de anos atrás, mas agora se afastou demais para ser visível. Isso exigiria uma órbita muito excêntrica, com milhares de anos para ser percorrida, mas não é impossível; o planeta-anão Sedna tem uma órbita extremamente elíptica e leva 11.600 anos para completá-la.

Em 1976, o escritor russo-americano Zecharia Sitchin começou a popularizar entre pseudoastrônomos a presença de um planeta adicional. Sitchin afirma que o planeta está documentado em antigos textos cosmológicos da Mesopotâmia e se chama Nibiru. De acordo com os antigos conhecimentos, diz ele, o planeta tem uma órbita extremamente elíptica que o aproxima da terra a cada 3.600 anos. Até aí, tudo bem — quase. Mas ele continua e diz que seu retorno está associado a eventos desastrosos, como terremotos, tsunamis, extinção em massa e colisões com cometas. A previsão mais recente de retorno do planeta (não de Sitchin) seria em 2003, mas não foram notados nem o planeta nem os desastres. Além disso, a interpretação de Sitchin dos textos cuneiformes e de um selo que ele afirma mostrar Nibiru como planeta é rejeitada por astrônomos e especialistas nos idiomas envolvidos. Mesmo assim, há a possibilidade de que exista pelo menos mais um planeta no limite externo do sistema solar.

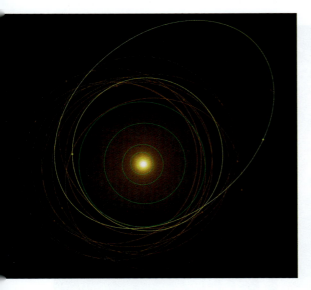

A órbita dos quatro planetas externos (Júpiter, Saturno, Urano e Netuno, mostrada em verde), três planetas-anões (Ceres, Plutão e Eris, em amarelo) e dez candidatos a planetas-anões (marrom).

QUANTOS PLANETAS?

Em 1870, a chuva de meteoro Leonídeas foi observada pelos aeronautas franceses Henri Giffard e Wilfrid de Fonvielle num balão de ar quente.

concordou pela primeira vez com uma definição científica formal de "planeta", e Plutão perdeu o posto. Segundo a UAI, um planeta tem de orbitar o Sol, ter tamanho suficiente para se tornar redondo pela força da própria gravidade e dominar a área em torno de sua órbita. Plutão passou nos dois primeiros critérios, mas permitiu que sua órbita permanecesse bagunçada, cheia de asteroides e outros detritos que qualquer planeta de respeito teria absorvido no próprio corpo. Caronte, uma das luas de Plutão, tem cerca de metade de seu tamanho, o que também viola os padrões comportamentais esperados de planetas. Assim, Plutão foi desplanetado e se tornou um planeta-anão, de nome 134340 Plutão, apenas um dos muitos objetos grandes do cinturão de Kuiper. Outros planetas-anões são Ceres, no cinturão de asteroides, e Eris, que fica além da órbita de Plutão.

Pedras do espaço

Os meteoros têm vida curtíssima. Às vezes chamados de estrelas cadentes, eles aparecem como pontos de luz brilhantes que vêm do nada, passam rapidamente pelo céu e somem. Antes de entrar na atmosfera da Terra, são chamados de meteoroides — pedaços de pedra voando pelo espaço. Eles se queimam quando aquecidos pela fricção com a atmosfera da Terra. A maioria se vaporiza por completo, mas, se algum pedaço sobreviver e cair em terra, será chamado de meteorito. A maioria dos meteoritos é minúscula, mas alguns pesam muitos quilos. Meteoroides muito grandes são chamados de asteroides. Geralmente, são pedaços de pedra do cinturão de asteroides que orbita o Sol entre Marte e Júpiter (ver a página 131), mas alguns são aglomerados de rocha lançados ao espaço quando meteoritos colidem com a superfície da Lua ou de Marte. Os

139

REVELANDO O SISTEMA SOLAR

> "Na noite de 12-13 de novembro de 1833, uma tempestade de estrelas cadentes caiu sobre a Terra [...]. O céu foi riscado em todas as direções por rastros brilhantes e iluminado por majestosas bolas de fogo. Em Boston, a frequência dos meteoros foi estimada em cerca de metade dos flocos de neve de uma nevasca média. Seu número [...] foi bem além da contagem; mas, quando se reduziu, tentou-se uma avaliação, pela qual se calculou, com base nesse ritmo muito diminuído, que 240.000 devem ter sido visíveis durante as nove horas em que continuaram a cair."
>
> Astrônoma Agnes Clerke, descrevendo as Leonídeas em 1833

meteoritos originários de Marte são importantíssimos e dão pistas do início do desenvolvimento do Planeta Vermelho.

O filósofo grego Anaxágoras sugeriu, no século V a.C., que os meteoros eram estrelas (que ele achava que eram pedaços ardentes de pedra e ferro) arrancadas de seu lugar que caíam na Terra. Eles não são estrelas, mas fora isso ele não errou muito. Mas sua opinião logo se perdeu. Durante muitos séculos, considerou-se que os meteoros não vinham do espaço e eram um fenômeno atmosférico, como os relâmpagos. Isso se encaixava no modelo aristotélico, segundo o qual apenas a região sublunar está sujeita a mudanças e só os objetos dessa região são capazes de movimento retilíneo.

É comum os meteoros surgirem em chuvas, que ocorrem em épocas regulares

As Leonídeas foram um espetáculo excepcional em 1833, mostrado aqui sobre a América do Norte.

QUANTOS PLANETAS?

Em 2013, o meteoro de Tcheliabinsk explodiu na atmosfera da Terra, a cerca de 30 km acima dessa cidade russa.

do ano nas quais a Terra passa por uma nuvem de detritos deixada por um cometa em desintegração. Foi uma dessas chuvas espetaculares que reacendeu o interesse pelos meteoros e levou à identificação de sua origem cósmica.

As Leonídeas são uma chuva de meteoros visível em novembro de cada ano. Ela recebeu esse nome porque parece se originar da constelação de Leão. O primeiro registro que temos de sua aparição data de 902 d.C., quando foi registrada na China, na Itália e no Egito. Em 1833, uma chuva mais espetacular levou muitos americanos aterrorizados a acreditar que o Dia do Juízo estava próximo. Esse evento foi considerado responsável pela renovação do fervor religioso na época e pela criação de seitas novas que existem até hoje.

A exibição espetacular das Leonídeas fez os astrônomos pensarem de novo nos meteoros e examinarem antigos registros de chuvas, tanto europeus quando chineses e árabes. Em 1837, o astrônomo alemão Heinrich Olbers sugeriu que as chuvas mais ofuscantes apareciam a cada 33 ou 34 anos. Logo, os astrônomos rastrearam os meteoros até um "nó" de matéria que orbita o Sol com essa periodicidade. Em 1866, o período de retorno foi determinado: 33,25 anos. Esse é o período de retorno do cometa responsável pelas Leonídeas; o "nó" de matéria é preenchido toda vez que o cometa retorna. No mesmo ano, Giovanni Schiaparelli, famoso pelos "canais" de Marte, identificou o vínculo entre a chuva de meteoros das Perseidas (vista em agosto e batizada com o nome da constelação de Perseu) e o cometa Swift-

REVELANDO O SISTEMA SOLAR

O quadro de John Everett Millais mostra a subjugação do povo inca, derrotado pelos conquistadores espanhóis em 1532. Em retrospecto, os incas viram a aparição do cometa de Halley em 1531 como um arauto da catástrofe.

-Tuttle. Logo se seguiram vínculos entre outros cometas e chuvas de meteoros, inclusive o que existe entre as Leonídeas e o pequeno cometa Tempel-Tuttle.

Visitantes de má fama

Os meteoros têm vida curta e se acabam num instante, embora muitos possam aparecer juntos. Esse não é o caso dos cometas, geralmente considerados portadores do mal ou de desastres. Os cometas foram responsabilizados por eventos terríveis de todos os tipos, como a Peste Negra (cometa Negra, 1347) e a matança dos incas pelas tropas invasoras de Pizarro em 1532 (cometa de Halley, 1531). A coincidência extraordinária de dois cometas e um eclipse lunar em 1664-1665 levou o astrólogo inglês John Gadbury a alertar, em 1665: "Essas Estrelas Ardentes! Ameaçam o mundo com fome, peste e guerras. Aos príncipes, morte; aos reinos, muitas crises; a todos os Estados, perdas inevitáveis!" Sorte dele, mas não do resto: em 1665 houve o Grande Incêndio de Londres e, em 1666, a Grande Peste na mesma cidade, confirmando a profecia fatídica. Mas é claro que os cometas eram vistos por toda parte, e nem todo lugar sofreu catástrofes como guerras e pestes.

VISITANTES DE MÁ FAMA

> **MÁ FAMA DE OUTRO COMETA**
>
> Em 1997, 39 fiéis da seita religiosa americana Heaven's Gate se mataram com a crença de que seriam levados a um novo nível de existência por uma espaçonave alienígena que viria na esteira do cometa Hale-Bopp. Em 1996, o líder da seita fez um seguro contra abdução alienígena para cinquenta seguidores seus.

A cometofobia permaneceu muito tempo depois de compreendida a natureza dos cometas. Em 1910, época do retorno do cometa de Halley, o mundo ocidental ficou eletrizado de terror. A espectroscopia deixara o cometa ainda mais assustador do que antes, porque o Observatório de Yerkes anunciou que a cauda continha o gás venenoso cianogênio, que cobriria a Terra e poderia destruir toda a vida do planeta (embora claramente não tivesse feito isso nas visitas anteriores). As pessoas foram convencidas a comprar máscaras contra o cometa para respirar em segurança e pílulas contra o cometa para combater os efeitos do gás.

Embora seja fácil zombar esse alarmismo, um choque direto com um cometa seria desastroso para a Terra. Os cientistas acreditam que a extinção de 65 milhões de anos atrás que acabou com os dinossauros não aviários foi precipitada por um cometa ou asteroide que colidiu com a Terra no ponto onde hoje fica o Golfo do México. Outros eventos de extinção também podem ter sido provocados por ocorrências semelhantes. Desde 1998, a NASA vem acompanhando objetos próximos da Terra, e até agora descobriu 13.500 deles.

"Estrelas-vassouras"

A característica mais óbvia de um cometa é a cauda, que o distingue claramente dos

> **DE ONDE VÊM OS COMETAS**
>
> Os astrônomos dividem os cometas em três tipos: os de período curto, os de período longo e os de única aparição.
>
> Os cometas de período curto orbitam o Sol em duzentos anos ou menos e são visíveis pelo menos a cada duzentos anos. O cometa de Halley é um famoso cometa de período curto e retorna a cada 75-76 anos. Acredita-se que os cometas de período curto se originam no Cinturão de Kuiper, região além da órbita de Netuno.
>
> Os cometas de período longo levam mais de duzentos anos para orbitar o Sol e vêm da Nuvem de Oort, na região mais externa do sistema solar. O Hale-Bopp foi um cometa muito brilhante de período longo, visto em 1996-1997, sua primeira aparição em 4.200 anos. Os cometas de período longo têm órbita elíptica muito excêntrica; fazem uma curva fechada em torno do Sol e depois seguem para a região mais externa do sistema solar, passando a maior parte da órbita muitíssimo longe.
>
> Como os cometas de período longo, os cometas de aparição única se originam no limite externo do sistema solar. Sua trajetória os traz para perto dos gigantes gasosos, cuja gravidade afeta sua órbita a ponto de enviá-los para longe do sistema solar, sem nunca mais voltar.

REVELANDO O SISTEMA SOLAR

> **COMETA CÉSAR**
>
> O cometa mais brilhante registrado na história foi o cometa César (C/–43 K1), visto em 44 a.C. e interpretado, na Roma antiga, como sinal de que o recém-assassinado Júlio César se tornara um deus. O historiador romano Gálio Suetônio registrou que "um cometa brilhou durante sete dias sucessivos, erguendo-se por volta da undécima hora, e acreditou-se que fosse a alma de César." O cometa foi visível até durante o dia. É provável que fosse um cometa não periódico que pode ter se desintegrado.

planetas e estrelas. É a cauda que lhe dá o nome: "cometa" vem da palavra grega que significa "peludo". Os chineses os chamavam de "estrelas-vassouras" ou "estrelas com cauda de faisão".

Os astrônomos chineses registraram cometas durante mais de dois mil anos, e esses registros se mostraram valiosíssimos para os astrônomos modernos que calculam os períodos de retorno dos cometas.

Até o final do século XVI, acreditava-se que, como os meteoros, os cometas estavam perto da Terra — mais perto do que a órbita da Lua no modelo ptolomaico do universo. Mas, depois de observar um cometa brilhante em 1577, Tycho Brahe calculou que eles ficavam entre os planetas. Esse foi um grande golpe no modelo ptolomaico, já que as esferas celestes além da Terra eram consideradas imutáveis. O cometa de Brahe (oficialmente designado C/1577 V1) foi um dos cinco cometas mais brilhantes registrados na história. Seu período de retorno é desconhecido, e ele pode nunca mais voltar; hoje se estima que esteja a 320 unidades astronômicas (UA) do Sol (Plutão fica a 40 UA do Sol).

Pensar sobre cometas

Nos séculos XV e XVI, uma série de cometas renovou o interesse

Em Astronomicum Cæsareum, Peter Apian ilustrou claramente os cometas com suas caudas sempre apontando para longe do Sol.

144

Johannes Hevelius ilustrou diversos tipos de cometa em seu livro Cometographia, *de 1668.*

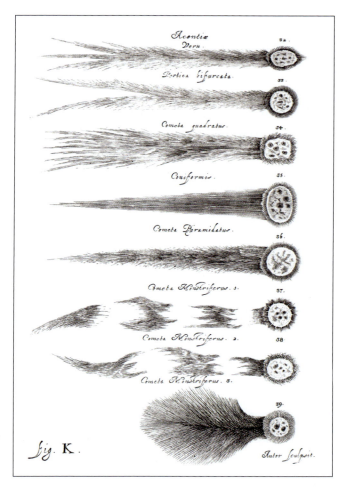

científico e os panfletos prevendo desastres e catástrofes em sua esteira. Em 1531, o astrônomo alemão Peter Apian reconheceu que a cauda do cometa sempre aponta para longe do Sol, embora a razão disso só fosse explicada no século XX. Em 1607, as observações que Kepler fez de um cometa o levaram a concluir que os cometas viajam em linha reta pelo sistema solar (o que não é verdade) e que são tão numerosos quanto os peixes no mar, mas vemos relativamente poucos (o que é bem verdade). Ele também determinou com exatidão que a cauda é produzida por partes do cometa que evaporam sob a influência do Sol, num processo hoje chamado de "desgaseificação".

Em 1664-1665, Johannes Hevelius observou os mesmos cometas que levaram Gadbury a seus avisos apocalípticos e chegou a uma conclusão mais científica: os cometas se originam com os planetas, principalmente Saturno e Júpiter, que os lançam para o sistema solar numa trajetória que os leva na direção do sol e a se curvar em torno dele. Mas ele não propôs que essa trajetória incluísse a uma visita de retorno. Ainda assim, ele deu início a uma linha de pensamento que estava no caminho certo, e alguns astrônomos começa-

> "Os raios diretos do Sol atingem [o cometa], penetram em sua substância, arrastam consigo uma parte dessa matéria e saem dela para formar o rastro de luz que chamamos de cauda. [...]Dessa maneira, o cometa é consumido por expirar a própria cauda."
>
> Johannes Kepler, 1607

ram a se perguntar se a trajetória dos cometas não poderia ser parecida com a dos planetas e constituir, de certa forma, uma órbita em torno do Sol.

Halley e os cometas

O nome mais associado aos cometas é o do astrônomo inglês Edmond Halley. É possível que seu interesse tenha sido provocado pelo cometa de Tycho Brahe em 1577.

A princípio, Halley se esforçou para calcular a trajetória dos cometas. Um deles apareceu em 1680, e foi visto antes e depois de seu desaparecimento atrás do Sol. Mas, como a teoria de Kepler de que os cometas viajam em linha reta estava na moda, ninguém percebeu que era o mesmo cometa visto duas vezes. Halley não conseguiu calcular seu movimento, o que não surpreende, pois esperava que ele percorresse uma linha reta. Outro cometa apareceu em 1682, mas, embora o observasse, Halley não conseguiu fazer nenhum cálculo, pois não tinha seus instrumentos consigo. Os cálculos que fez mais tarde sobre esse cometa, que acabaria recebendo seu nome, foram feitos com base nos dados de observação produzidos por John Flamsteed (ver o quadro ao lado).

A verdadeira trajetória

Em 1684, Halley viajou até Cambridge para consultar Isaac Newton sobre o tema da gravidade e, para sua surpresa, descobriu que Newton já calculara a solução para o problema da gravidade, mas ainda não a publicara. Halley o convenceu a publicar. Newton propunha que os cometas seguem uma trajetória parabólica,

> "Se, de acordo com o que já dissemos, ele retornar outra vez por volta do ano de 1758, a posteridade leal não se recusará a reconhecer que foi descoberto por um inglês."
> Edmond Halley, 1749

fazendo a curva em torno do Sol e depois sumindo de volta no espaço. Isso deu a Halley a pista de que precisava; em 1705, depois de trabalhar intensamente com dados históricos durante dez anos, publicou sua conclusão de que os cometas seguem uma órbita elíptica pelo espaço que os traz para perto do Sol e, portanto, visíveis da Terra. Sua tabela de 24 cometas com os aparentes períodos de retorno demonstrava a teoria. Ele sugeriu que o cometa de 1682 seria o mesmo que Apiano observara em 1531 e Kepler em 1607. (O cometa também foi avistado em muitas outras ocasiões, a mais antiga registrada na China, em 240 a.C.) E propôs que o cometa retornaria por volta de 1758; caso acontecesse, isso provaria sua teoria. O cometa voltou como previsto, dezesseis anos depois da morte de Halley, e recebeu seu nome como homenagem.

Mais empolgação

O cometa de Halley apareceu pontualmente nos séculos seguintes. Seu retorno em 1910 foi cercado por grande especulação e empolgação do público, com astrônomos competindo anonimamente num concurso para prever sua trajetória exata. Embora todas as melhores mentes astronômicas da época trabalhassem no problema, a posição mais próxima do Sol

VISITANTES DE MÁ FAMA

EDMOND HALLEY (1656-1742)

Edmond Halley era filho de um saboeiro rico, numa região que hoje é o *borough* londrino de Hackney mas, na época, era uma aldeia perto da cidade. Ele entrou na Universidade de Oxford em 1673 e se mostrou um aluno brilhante. Já interessado em astronomia, trabalhou quando ainda estudante com o astrônomo real John Flamsteed (1646-1719) no Observatório de Greenwich. Sem terminar a graduação e com apenas 19 anos, Halley partiu para o Atlântico Sul em 1676 para catalogar as estrelas do hemisfério Sul, enquanto Flamsteed fazia o mesmo no hemisfério Norte. Quando retornou após cumprir a tarefa, Halley recebeu de Oxford o mestrado por ordem do rei Carlos II e foi eleito membro da Royal Society. Tinha somente 22 anos.

Então Halley voltou sua atenção para os cometas, e começou com as observações do cometa Kirch (1680-1681) feitas por Flamsteed. Tentou calcular sua órbita, mas errou feio: para ele, Kirch tinha um período orbital de 575 anos, mas na verdade são cerca de dez mil anos. Depois de passar dez anos fazendo um estudo detalhado de séculos de descrições históricas de cometas e consultando o amigo, matemático e físico Isaac Newton (ver a página ao lado), Halley chegou à conclusão de que os cometas têm órbita elíptica e um período de retorno que pode ser calculado matematicamente.

Em 1720, Halley se tornou Astrônomo Real e sucedeu a Flamsteed. Seu gênio foi além da astronomia; ele também inventou um sino de mergulho que funcionava, publicou estatísticas que permitiram o cálculo mais meticuloso das pensões com base na expectativa de vida, estudou o campo magnético da Terra e participou da primeira tentativa de datar Stonehenge.

(periélio) estava errada em três dias. Philip Cowell e Andrew Crommelin, astrônomos do Observatório de Greenwich, tinham se esforçado muito para aperfeiçoar as previsões e concluíram que "há forças de tipo não reconhecido influenciando o movimento do cometa". Essas forças continuariam misteriosas até 1950, quando

147

REVELANDO O SISTEMA SOLAR

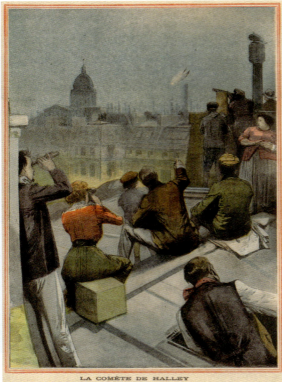

LA COMÈTE DE HALLEY
LES TOITS DE PARIS TRANSFORMÉS EN OBSERVATOIRES

Pessoas do mundo inteiro pararam para observar o cometa de Halley em 1910.

o astrônomo americano Fred Whipple (1906-2004) reconheceu que a desgaseificação do começa funciona como a propulsão de um foguete e altera seu curso. Isso dificulta prever a órbita com base apenas no efeito gravitacional de outros corpos.

Íntimos e pessoais

Descobriu-se mais sobre os cometas depois do advento da viagem espacial. Houve várias missões de sobrevoo para tirar fotografias próximas de cometas, e três missões pousaram num deles. A espaçonave Deep Impact da NASA se chocou com o cometa Tempel em 2005. As imagens espectroscópicas do impacto ajudaram os cientistas a determinar a composição do cometa, mostrando que era feito de vários tipos de gelo e poeira. Verificou-se que as partículas componentes são menores do que se esperava; cerca de 75% do cometa é espaço vazio.

A missão Stardust, lançada em 1999, coletou amostras de poeira do cometa Wild-2 e as trouxe de volta à Terra em 2006. (Pó e gás se despejam continuamente do cometa, e assim é fácil recolher a poeira sem pousar.) As amostras surpreenderam os cientistas da NASA. Eles esperavam encontrar principalmente grãos minúsculos de "poeira de estrelas", material rochoso antiquíssimo formado em torno de antigas estrelas, com estrutura não cristalina. Mas a poeira de estrelas constituía apenas uma pequena porção do cometa. A maior parte do material se compunha de grãos

As crateras da superfície do cometa Wild-2, fotografadas pela espaçonave Stardust, mostram evidência de bombardeio no passado.

148

maiores, muitos com estrutura cristalina. Parece que os cometas combinam material formado em temperatura altíssima no centro do antigo sistema solar (cristais) com material formado em temperatura baixíssima na borda do sistema solar (gelos). A importância disso vai além da composição dos cometas, pois traz informações inesperadas sobre a formação e a distribuição da matéria no início do sistema solar.

Em 2014 a missão Rosetta, da Agência Espacial Europeia, deu um passo mais além e levou o módulo de pouso Philae ao cometa C67P/Churyumov-Gerasimenko, o primeiro módulo a pousar num cometa. Depois do pouso acidentado, Philae enviou alguns dados e fotos antes de pifar, provavelmente por ter pousado na sombra, sem poder recarregar as baterias solares. Rosetta continuou a coletar dados acima do C67P e, em maio de 2016, avisou ter encontrado no cometa aminoácido glicina e o elemento fósforo — ambos ingredientes essenciais para a vida. As proteínas, tijolos químicos da vida, são formadas de aminoácidos. Desconfiava-se que havia glicina no Wild-2; a descoberta de um aminoácido em dois cometas indica que esses tijolos podem ser comuns no universo. Isso alimentou o interesse pelo antigo debate sobre a possibilidade de algumas substâncias químicas necessárias para a vida da Terra terem sido trazidas bilhões de anos atrás por cometas e sobre a possível existência de vida em outros pontos do sistema solar.

O módulo de pouso Philae no C67P, primeira missão a conseguir pousar suavemente num cometa. Philae tem mais ou menos o tamanho de uma máquina de lavar.

CAPÍTULO 6

Mapeamento das ESTRELAS

"Cem mil milhões de estrelas formam uma galáxia; cem mil milhões de galáxias formam um universo.
Os números talvez não sejam muito confiáveis, mas creio que dão uma impressão correta."

Sir Arthur Eddington,
astrofísico, 1933

O catálogo de estrelas é uma lista sistemática que cita o nome e registra a posição de cada uma delas em relação às outras. Durante milhares de anos, a atividade dos astrônomos em relação às estrelas se concentrava em contá-las e catalogá-las. Mas, com a melhora da tecnologia e a descoberta de cada vez mais estrelas, fazer um catálogo abrangente se tornou uma tarefa colossal.

Os padrões de estrelas no céu são mais fáceis de lembrar e ver quando transformados em imagens, como muitas culturas descobriram.

MAPEAMENTO DAS ESTRELAS

Rastrear estrelas

É dificílimo descrever a posição das estrelas sem usar algum tipo de sistema de referência. Há duas soluções óbvias: uma é usar um sistema de coordenadas que permita a medição a partir de uma linha ou posição; a outra é agrupar as estrelas em padrões com nomes e depois identificá-las pela posição em relação a esses padrões. O segundo método é o mais fácil: ver as estrelas em grupos e depois usar os grupos como "pontos de partida" para localizar as estrelas. Esse foi o sistema que surgiu, de forma independente, entre os antigos astrônomos do mundo inteiro. Ver padrões nos fenômenos que nos cercam é uma tendência humana natural. Os conjuntos de pontos ou formas estreladas relacionados a grupos de estrelas ocorrem até na arte pré-histórica e indicam que

A constelação de Peixes no mais antigo atlas de estrelas russo a sobreviver, produzido em 1829 por Kornelius Reissig.

VER ESTRELAS

Avaliar o número de estrelas sempre foi e continua a ser complicado. A astrônoma Dorrit Hoffleit, da Universidade de Yale calculou que, em condições perfeitas — uma noite clara sem nuvens, lua nova e nenhuma poluição luminosa —, 9.096 estrelas são visíveis a olho nu, cerca de metade visível em cada hemisfério. Ela baseou o cálculo no pressuposto de que estrelas de magnitude +6,5 ou menos podem ser vistas a olho nu por um observador em condições ideais. Alguém com vista excepcional adaptada ao escuro (como nossos ancestrais, talvez) pode ser capaz de enxergar até a magnitude +8, o que aumentaria o número de estrelas visíveis para cerca de quarenta mil (vinte mil por hemisfério). Com o nível de poluição luminosa comum no mundo industrializado, o número de estrelas comumente visíveis hoje cai para cerca de 450 por hemisfério. Em locais com elevada poluição luminosa, como Londres e Chicago, podem-se ver menos de 35 estrelas.

FORMAÇÃO DE IMAGENS

Embora costumemos chamar de "constelações" as imagens que discernimos nas estrelas, o nome mais adequado é asterismo. A União Astronômica Internacional usa "constelação" mais precisamente como uma das 88 áreas específicas do céu. Essas divisões contínuas da esfera celeste foram formalizadas em 1992 por Henry Norris Russell. Em grande medida, elas coincidem (ou pelo menos contêm) as constelações greco-romanas clássicas.

As estrelas que agrupamos em asterismos podem parecer vizinhas, mas algumas estão muito mais longe do que outras. Como as estrelas estão se afastando do sistema solar em diversas direções, as constelações que vemos hoje não são exatamente iguais às vistas na antiga Mesopotâmia ou na antiga Grécia. Nos próximos milênios, as estrelas que formam as constelações se afastarão ainda mais da posição onde as vemos hoje.

nossos primeiros ancestrais também viam imagens nas estrelas.

Figuras no céu

Os sumérios representavam constelações em tabletes de argila desde 3200 a.C., e os babilônios registraram o nome das constelações (com frequência, nomes sumérios) desde 1100 a.C.

Os babilônios reconheciam cerca de cinquenta constelações, muitas delas conhecidas até hoje (ver a página 24). Antes, havia duas tradições separadas: constelações com temas rurais e com temas divinos. A tradição dos temas rurais ajudou a criar um calendário agrícola para os sumérios e, depois, os babilônios. O esquema divino acabou fornecendo os signos do zodíaco e foi passado aos gregos, embasando assim a tradição ocidental. Pelo menos, algumas constelações rurais devem ter continuado

Esse texto astronômico pintado em seda foi descoberto em 1973 no sítio do túmulo Mawangdui, em Changsha, na China. O túmulo foi fechado em 168 a.C.

MAPEAMENTO DAS ESTRELAS

na astronomia beduína do primeiro milênio d.C.

A divisão das estrelas

Os catálogos de estrelas mais antigos a sobreviver foram produzidos na Mesopotâmia, lar dos sumérios e, depois, dos babilônios. São os catálogos "Três estrelas cada", preservados em tabletes de argila da Mesopotâmia babilônica desde 1100 a.C. De acordo com o mito da criação babilônico, o deus Marduque criou a ordem no céu, com as constelações, a divisão do ano em meses e a distribuição de diversos reinos dos céus a deuses diferentes. Ele determinou "três estrelas cada" para os meses (estrelas com nascer helíaco, ou pouco antes da aurora, dentro do mês), com 36 estrelas no total.

Com apenas 36 estrelas, os "Três estrelas cada" são bastante limitados, e algumas dessas "estrelas" eram planetas ou não estavam localizadas com precisão. O posterior MUL.APIN (ver a página 21) é muito mais extenso. Dá as datas em que as estrelas nascem e se põem e cita pelo nome 66 estrelas e constelações.

Quando assumiram a herança astronômica dos babilônios e egípcios, os gregos foram muito além das realizações de seus antecessores. Por volta de 370 a.C., o antigo matemático e astrônomo grego Eudoxo de Cnido fez uma lista completa das constelações clássicas, com sua descrição e posição de suas estrelas, além da informação de quando nasceriam e se poriam. Ele é o primeiro autor de um catálogo de estrelas a ter o nome conhecido. Embora o texto original tenha se perdido, o poeta Arato o revisou num poema chamado *Phænomena* no século III a.C. Timocares, que, segundo Ptolomeu, trabalhou em Alexandria de 280 a 290 a.C., fez as primeiras observações gregas da posição das estrelas a ser datada com confiança.

Quando produziu seu catálogo de estrelas em 129 a.C., o grande astrônomo grego Hiparco descobriu que sua posição mudara um pouquinho desde a descrição de Timocares, feita uns 150 anos antes. Isso o levou à descoberta da precessão axial (ver a página 18) e de como calcular o movimento das estrelas em relação à Terra. Ele encontrou um valor de um grau de precessão axial no máximo por século (ou 36.000 anos para completar o círculo; o valor real é de uns 26.000 anos).

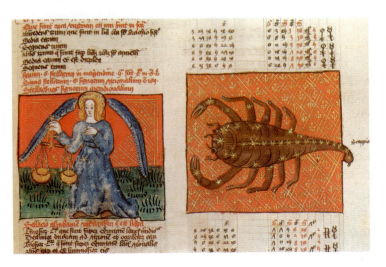

O catálogo de estrelas de Ptolomeu no Almagesto *continuou a ser usado mesmo depois que as posições que citava para as estrelas não eram mais exatas.*

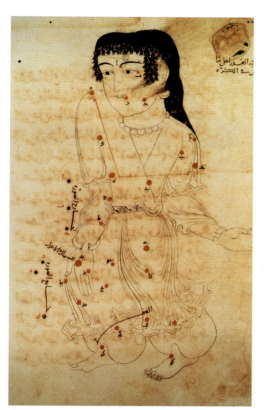

A constelação de Virgem, do *Livro das constelações de estrelas fixas* de al-Sufi (século X).

O catálogo de estrelas de Hiparco foi a base do *Almagesto*, o manual astronômico de Ptolomeu. O catálogo de Ptolomeu continuou a ser usado no mundo árabe e ocidental durante uns oitocentos anos. O astrônomo persa Abd al-Rahman al-Sufi (903-983) o atualizou em 964 no *Livro das constelações de estrelas fixas* e corrigiu muitos erros do catálogo de Ptolomeu. Os nomes que al-Sufi deu a algumas estrelas são usados até hoje. Foram tirados da antiga tradição astronômica beduína, que sobreviveu juntamente com o conhecimento grego importado (e muitas vezes competiu com ele). Seu trabalho descreve a posição, a cor, o brilho e a magnitude das estrelas, com desenhos das constelações. O mais importante é que também inclui as primeiras descrições de Andrômeda, que chamou

GRAVADO EM PEDRA

Embora o catálogo de estrelas de Hiparco tenha se perdido, sabemos que continha a posição de pelo menos 850 estrelas, que ele mediu com uma esfera armilar (ver a página 73). Além disso, ele fez um globo celeste mostrando as constelações. Embora também tenha se perdido, há boas razões para supor que o globo carregado pelo Atlas Farnese — uma cópia romana do século II de uma estátua grega — reproduz o globo de Hiparco. A posição das constelações indica a data de 125 a.C. ± 55 anos para o original, o que combina com a época de Hiparco.

MAPEAMENTO DAS ESTRELAS

de "nuvenzinha", e da Grande Nuvem de Magalhães, que chamou de "boi branco". Elas não são estrelas, mas galáxias localizadas fora da Via Láctea e registradas pela primeira vez por al-Sufi.

O grande astrônomo e sultão timúrida Ulugh Beg recalculou a posição das estrelas e, em 1437, a publicou na obra *Zij-i Sultani*. Seu catálogo de 992 estrelas foi compilado com observações próprias e de outros astrônomos que trabalhavam em seu grande observatório de Samarcanda. O catálogo de Ulugh Beg reinou supremo até Tycho Brahe fazer o dele em 1598, o último grande catálogo de estrelas a olho nu. O catálogo de 777 estrelas de Brahe foi a medição mais precisa da posição das estrelas antes que o telescópio revolucionasse a astronomia.

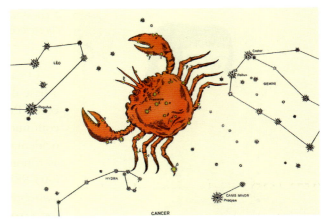

A constelação de Câncer, do atlas de estrelas Uranometria Omino, *1603, de Johann Bayer.*

Batismo de estrelas

Qualquer catálogo tem de citar o nome dos objetos que contém. Quando se con-

---

DRAGÕES E TIGRES

É possível que os astrônomos chineses já compilassem catálogos de estrelas ao mesmo tempo que os babilônios. Alguns nomes chineses de estrelas estão conservados no oráculo de ossos da dinastia Shang (c. 1600-1050 a.C.) e em documentos posteriores, mas nenhuma lista mais antiga sobreviveu. A astronomia chinesa divide o céu em 28 "mansões", agrupadas em quatro símbolos (regiões): Dragão Azul no leste, Tartaruga Preta no norte, Tigre Branco no oeste e Ave Escarlate no sul. Estes quatro se arrumam ao longo da trajetória da Lua no decorrer de um mês lunar e permitem acompanhar a posição e o progresso da Lua. A lista mais antiga das 28 mansões está conservada num túmulo datado de 433 a.C.

O catálogo chinês mais antigo que nos restou tenta listar todas as estrelas visíveis e foi feito por Sima Qian (145-86 a.C.), incluindo estrelas de noventa constelações. No século IV a.C., Shi Shen compilou um catálogo de 121 estrelas, e diz-se que Gan De fez um catálogo de 810 estrelas, mas nenhum deles sobreviveu na forma original. Em 120 d.C., o famoso astrônomo chinês Zhang Heng (ver a página 74) fez um catálogo de estrelas que incluía 124 constelações. Ele remapeou mais de duas mil estrelas e deu nome às 320 mais brilhantes. Mas ele sabia que seu mapa não era completo e dizia que há 11.520 estrelas menos brilhantes.

sideram relativamente poucas estrelas, é possível lhes dar nomes individuais, como faziam os antigos. Mas quando o número aumenta é preciso uma convenção. Nomes inteligentes também ajudam os astrônomos a achar as estrelas, porque o nome pode incluir dados de localização.

O sistema mais antigo de dar nome às estrelas ainda em uso foi inventado pelo cartógrafo celeste alemão Johannes Bayer (1572-1625) e usado em seu atlas celeste publicado em 1603. Foi o primeiro atlas a incluir os hemisférios Norte e Sul, com as estrelas do Norte baseadas no trabalho de Tycho Brahe e as do Sul, nas cartas feitas pelo navegador holandês Pieter Dirkszoon Keyser. Bayer deu a cada estrela o nome da constelação onde aparecia mais uma letra do alfabeto grego, com Alfa para denotar a mais brilhante e Ômega para a mais fraca. Assim, por exemplo, a estrela mais brilhante de Órion seria Alpha Orionis. Como só há 24 letras no alfabeto grego, era possível ficar sem nomes dentro de uma constelação. Bayer ampliou o sistema usando primeiro as letras minúsculas e depois as maiúsculas. No fim do século XVII, John Flamsteed adotou um sistema mais sensato, usando um número e o nome da constelação (16 Cygni, por exemplo), removendo efetivamente os limites.

As estrelas proliferam

Inevitavelmente, a necessidade de mais nomes de estrelas aumentou com o uso generalizado do telescópio. Ao olhar a Via Láctea com seu telescópio, Galileu viu que ela não era uma nuvem como parecia, mas um conjunto de milhares e milhares de estrelas. De repente, o universo se expandiu com uma percepção que deve ter sido estonteante. Estrelas que nenhum ser

Em áreas com pouca poluição luminosa, a Via Láctea é visível como uma faixa brilhante que cruza o céu.

MAPEAMENTO DAS ESTRELAS

QUAL É O BRILHO DE UMA ESTRELA?

Um catálogo de estrelas não é simplesmente uma lista de nomes. Até os primeiros deles costumavam indicar, além da localização, o brilho das estrelas. Hiparco e, depois, Ptolomeu classificaram as estrelas por brilho ou magnitude e as agruparam em seis categorias, com as estrelas mais brilhantes na primeira ordem. O pressuposto era que, quanto maior a estrela, mais brilho teria. Em geral, as estrelas de magnitude 6 são consideradas as menos brilhantes que podem ser vistas a olho nu. (Na verdade, o brilho é uma linha contínua.) Mas esse método era totalmente subjetivo e dependia da avaliação de brilho de cada astrônomo. Para resolver isso, Tycho Brahe tentou medir as estrelas em termos do tamanho angular, com as de primeira magnitude medindo 2 minutos de arco e as da sexta, 1/3 de minuto. Assim que o telescópio foi inventado, verificou-se que essas medições estavam erradas e que, a olho nu, as estrelas pareciam muito maiores do que realmente eram. Tudo piorou, porque os primeiros telescópios mostravam as estrelas como um disco e os astrônomos continuaram a pensar que podiam ver o tamanho físico da estrela. Com base em sua imagem nesses telescópios, Hevelius produziu uma tabela de tamanhos de estrelas que variavam de 6 segundos de arco (estrelas de primeira ordem) a 2 segundos de arco (estrelas de sexta ordem). Com o aprimoramento dos telescópios, a distorção do disco desapareceu.

Em 1856, o astrônomo inglês Norman Pogson (1829-1891), que trabalhava no Observatório de Madras, na Índia, modificou e quantificou o sistema grego. Graças aos telescópios modernos, ele descobriu que as estrelas de primeira magnitude são cem vezes mais brilhantes do que as de sexta. Isso faz a diferença em cada passo da magnitude ser de $100^{1/5}$, ou cerca de 2,5. Hoje, essa é a chamada razão de Pogson. Finalmente, como a distância das estrelas podia ser medida de forma confiável por paralaxe (ver a página 107), ficou claro que o brilho não se relaciona simplesmente com o tamanho ou a distância. Hoje, o brilho das estrelas ainda é medido de acordo com a razão de Pogson, mas os melhores telescópios conseguem avistar estrelas até a 30ª magnitude. A avaliação é feita comparando a estrela em estudo com um ponto de referência que pode ser ajustado até combinar com a estrela. (A 32ª magnitude é o limite final, imposto pelo limite da luz visível.)

da Terra tinha visto passaram a ser visíveis — e o número de estrelas continuou crescendo. Logo, compilar um catálogo de estrelas se tornou uma tarefa além da capacidade de um único astrônomo, e teria ocupado toda a sua vida de trabalho.

Os catálogos de estrelas se tornaram iniciativas cooperativas, mas ainda eram uma tarefa gigantesca. O mais abrangente dos catálogos pré-fotográficos foi o *Bonner Durchmusterung* ("Amostra de Bonn") e

"As estrelas fixas *parecem ter brilhos diferentes, não porque realmente assim o sejam, mas porque não estão todas à mesma distância de nós. As que estão mais próximas se destacarão em brilho e tamanho; as estrelas mais remotas terão luz mais fraca e parecerão menores ao olho.*"

Matemático escocês
John Keill, 1736

seus volumes de continuação, produzidos de 1852 a 1859 com 320.000 estrelas.

Até meados do século XIX, a única maneira de distinguir estrelas era pelo brilho ou pelo tamanho aparente. Mas, depois do desenvolvimento da espectroscopia (ver a página 120), a catalogação de estrelas tomou um rumo diferente. Agora elas podiam ser classificadas pela composição.

Reclassificação das estrelas

O primeiro esquema para classificar as estrelas pelo espectro foi imaginado pelo astrônomo italiano Angelo Secchi (1818-1878). Em 1866, ele desenvolveu três classes de estrelas, com números I a III: as brancas e azuis (I), as amarelas (II) e as alaranjadas (III). (As cores das estrelas são determinadas pela composição; as brancas/azuis têm mais hidrogênio.) Em 1868, ele descobriu as estrelas vermelhas de carbono e criou uma nova categoria para elas

Williamina Fleming comandou a equipe de astrônomas que produziu o catálogo de estrelas Draper.

(IV). E acrescentou uma última classe V em 1877, mas nessa época sua classificação já estava sendo superada.

Em 1872, o fotógrafo americano Henry Draper (1837-1882) tirou a primeira fotografia das linhas espectrais de uma estrela, Vega. Ele decidiu compilar um catálogo de espectros e tirou outras cem fotografias, mas sua morte em 1882 interrompeu o trabalho. Dois anos antes, em 1880, o astrônomo e físico americano Edward Pickering (1846-1919) desenvolveu um método para fotografar ao mesmo tempo os espectros de muitas estrelas, usando um prisma de vidro diante da chapa fotográfica. A viúva de Draper doou uma grande quantia ao observatório do Harvard College para assegurar a continuação do projeto do falecido marido, e Pickering o assumiu. Nos anos seguintes, a equipe de Pickering fotografou e classifi-

O astrofísico e padre jesuíta Angelo Secchi foi o primeiro a classificar as estrelas pela composição.

MAPEAMENTO DAS ESTRELAS

AS CALCULADORAS DE HARVARD

Pickering decidiu contratar uma grande equipe de mulheres para fazer o trabalho tedioso mas especializado de examinar milhares de espectros de estrelas e realizar os cálculos necessários para o Catálogo Henry Draper. As mulheres eram oficialmente chamadas de "*computers*" (calculadoras), mas ficaram conhecidas como o "harém de Pickering" — um termo paternalista para a maior reunião de talentos que a astronomia já viu. Entre elas estavam mulheres que, mais tarde, se tornaram astrônomas famosas e bem-sucedidas por direito próprio. Além de Annie Jump Cannon (página 161), estavam entre elas Henrietta Swann Leavitt (1868-1921) e Antonia Maury (1866-1952). Cannon classificou mais estrelas do que ninguém — 350.000 no total, inclusive trezentas estrelas variáveis. A descoberta de Leavitt do vínculo entre um tipo de estrela chamada variável cefeida e seu brilho e distância da Terra permitiu aos cientistas calcular a distância de galáxias longínquas demais para usar a paralaxe. O trabalho de Maury sobre classificação estelar teve grande influência sobre Ejnar Hertzsprung (ver página 161).

cou 10.351 estrelas. A maior parte da classificação foi feita por Williamina Fleming (1857-1911). Natural da Escócia, Fleming foi para os Estados Unidos com o marido e o filho, mas o marido a abandonou. Ela se tornou professora de matemática e, desesperada atrás de mais trabalho, também governanta de Pickering. Insatisfeito com a capacidade matemática de seus funcionários homens, Pickering disse a famosa frase "Minha criada escocesa faria melhor"; então, contratou-a e lhe ensinou a análise de espectros.

Fleming refinou o sistema de Secchi para chegar ao esquema usado no catálogo, baseado na proporção de hidrogênio de cada estrela. O primeiro catálogo foi publicado em 1890. Pickering ficou tão

As mulheres do Observatório de Harvard, chamadas de "calculadoras", que realizaram os cálculos essenciais para o abrangente catálogo de estrelas.

160

satisfeito com o trabalho de Fleming que contratou mais mulheres, todas com alto nível de instrução. Normalmente, elas não poderiam usar seu talento e conhecimento no mundo exclusivamente masculino da astronomia. Fleming ficou na chefia da equipe.

Em 1901, Pickering publicou um catálogo de estrelas do hemisfério Sul com uma equipe comandada por Annie Jump Cannon (1863-1941), que desenvolveu um novo sistema de classificação com base na temperatura das estrelas (derivada de seus espectros).

As descobertas feitas por integrantes da equipe feminina levaram Pickering a começar um novo catálogo. O trabalho no Catálogo Henry Draper começou em 1911. De 1912 a 1915, Cannon e sua equipe classificaram cerca de cinco mil estrelas por mês. Publicado em nove volumes, o catálogo dá a posição, a magnitude e a classificação espectral de 225.300 estrelas. Pickering morreu em 1919, mas Cannon continuou o trabalho e acrescentou mais 46.850 estrelas a um adendo do catálogo. Ela continuou a registrar estrelas até morrer em 1941, quando Margaret Mayall (1902-1995) assumiu o projeto.

Entender as estrelas

A classificação das estrelas por composição química logo provocou especulações sobre como a composição corresponderia a diferenças essenciais entre elas.

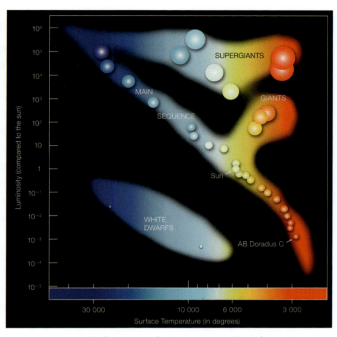

O diagrama de Hertzsprung-Russel mapeia a temperatura e a luminosidade das estrelas e mostra a sequência principal da mudança das estrelas durante sua vida.

As classes e a composição se relacionam a estrelas de diversos tipos e cores. O químico dinamarquês Ejnar Hertzsprung (1873-1967) trabalhou com os espectros catalogados em Harvard e descobriu a relação entre sua magnitude absoluta (determinada a partir da luminosidade e de um cálculo de paralaxe) e a temperatura efetiva (a partir dos espectros). Henry Norris Russell (que, mais tarde, convenceu Cecilia Payne-Gaposchkin a abandonar suas ideias sobre a composição do Sol, ver a página 120) trabalhava na mesma linha. Ambos criaram um gráfico de dispersão que mostrava as estrelas em dois eixos, revelando a relação entre tipo de espectro, luminosidade e o estágio de desenvolvi-

MAPEAMENTO DAS ESTRELAS

ANÃS, GIGANTES E INTERMEDIÁRIAS

Uma estrela está na "sequência principal" no período de atividade normal de formação de hélio, desde sua criação até que o hidrogênio acabe. O que acontece depois depende de seu tamanho. Uma estrela com massa até oito vezes a do Sol perde muito material externo, formando uma nebulosa planetária e uma anã branca. A anã branca tem a massa do Sol, mas o tamanho da Terra. Uma estrela encontrada em 1783 por William Herschel foi identificada em 1910 como a primeira anã branca quando seu tamanho e espectro anômalos mostraram que era um tipo de estrela até então desconhecido.

Uma estrela maior se torna uma gigante ou supergigante vermelha no fim da sequência principal de sua vida; ela se expande até engolir os planetas que tiver e fica com um tamanho imenso. Finalmente, explode numa supernova e deixa no centro uma estrela de nêutrons, minúscula e densa. As estrelas muito maiores produzem um buraco negro em vez de uma estrela de nêutrons.

mento da estrela. O diagrama, chamado de Hertzsprung-Russell, ainda é usado de várias formas como guia dos estágios da sequência principal da vida de uma estrela.

Estrelas fora de foco

A vista ruim ou os telescópios de má qualidade deixam qualquer estrela nebulosa ou desfocada, mas uma certa nebulosidade é sinal de algo muito interessante. Ptolomeu registrou cinco estrelas nebulosas ou desfocadas, que, como se descobriu, são aglomerados ou pares de estrelas, e uma área nebulosa que não associou a nenhuma estrela mas que está ligada à área de Coma Berenices (Cabeleira de Berenice), uma pequena constelação perto de Boötes ou Boieiro que contém a estrela brilhante Arturo. Esses objetos desfocados ficaram conhecidos como "nebulosas", nome relacionado à sua aparência e não à sua natureza, que na época não era conhecida.

Nuvens no espaço

Em 964, Abd al-Rahman al-Sufi (ver a página 155) mencionou objetos nebulo-

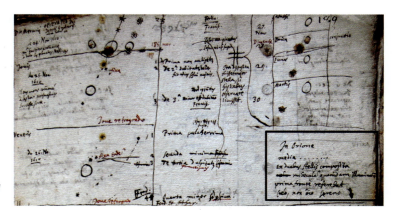

Anotações de Peiresc sobre sua primeira observação da nebulosa de Órion em 1610.

sos no *Livro das constelações de estrelas fixas*. Ele se referiu a uma "nuvenzinha" em sua descrição de Andrômeda, que é a Galáxia Andrômeda M31, mencionou o Boi Branco, que é a Grande Nuvem de Magalhães, e também citou uma estrela nebulosa que pode ser o aglomerado Omicron Velorum IC 2391 e um "objeto nebuloso" hoje conhecido como Aglomerado de al-Sufi ou de Brocchi. Embora não soubesse que o Boi Branco e a nuvenzinha de Andrômeda eram galáxias, ele foi o primeiro a mencionar galáxias além da Via Láctea (ver a página 157).

A invenção do telescópio revelou mais e mais objetos nebulosos. O astrônomo francês Nicolas-Claude Fabri de Peiresc (1580-1637) descobriu a Nebulosa de Órion em 1610. Huygens a estudou com detalhes em 1659 sem saber que não foi o primeiro a encontrá-la. Em 1715, Edmund Halley publicou uma lista de seis nebulosas, e o número cresceu sem parar até William e Caroline Herschel publicarem uma lista com três volumes e 2.510 objetos nebulosos entre 1786 e 1802.

As nuvens tomam forma

Alguns desses objetos desfocados foram identificados como nuvens em espiral e não amorfas, mas ninguém sabia ainda o que eram. Então, em 1750, o astrônomo inglês Thomas Wright (1711-1786) propôs, em *Uma teoria original ou nova hipótese do Universo*, que a Via Láctea é uma imensa camada plana de planetas e estrelas, que parece ser como é porque estamos no meio dela. Essa ideia brilhante foi adotada e popularizada pelo filósofo alemão Immanuel Kant (1724-1804), que às vezes recebe o crédito de outra sugestão de

> "[Herschel] já[...] descobriu mil e quinhentos universos! Quantos mais encontrará, quem pode conjeturar?"
> Fanny Burney, romancista inglesa, 1786

Wright: que os objetos desfocados podem ser outras galáxias parecidas com a nossa, mas tão distantes que não é possível vê-las como grupos de estrelas. Wright admitiu que isso tornava a Terra insignificante.

"Nesta grande Criação Celeste, a catástrofe de um mundo como o nosso, ou mesmo a total dissolução de um sistema de mundos, pode talvez não ser mais, para o grande Autor da Natureza, do que o mais comum acidente da vida para nós, e com toda a probabilidade esses dias finais e gerais do Juízo Final podem ser tão frequentes lá como dias de nascimento ou morte conosco aqui nesta Terra."

A ideia foi rapidamente aceita. Deve ter sido uma espantosa mudança de paradigma.

De mancha desfocada a nebulosa "verdadeira"

A princípio, o nome "nebulosa" era dado a qualquer objeto difuso e parecido com uma nuvem. Assim, ele incluía muitos objetos hoje reconhecidos como galáxias ou apenas aglomerados estelares, assim como aqueles que são nebulosas na definição moderna — nuvens interestelares de gás e poeira. Inicialmente, Herschel acreditou que todas as nebulosas fossem aglomerados estelares distantes demais para serem vistas como pontos separados, mas ele revisou sua opinião em 1790 quando encontrou estrelas cercadas de nebulosidade. Essas ele considerou nebulosas "verdadeiras".

MAPEAMENTO DAS ESTRELAS

Arte rupestre indígena americana em Chaco Canyon, no Novo México; acredita-se que mostre a supernova de 1054.

O hóspede moribundo

Em 4 de julho de 1054, astrônomos chineses registraram o surgimento súbito de uma nova "estrela hóspede" muito brilhante. Com quatro vezes o brilho de Vênus, essa estrela foi visível no céu diurno durante 23 dias e no céu noturno durante 653, aos poucos ficando mais fraca. Na verdade, os astrônomos assistiam a uma morte não tão recente: o fim de uma estrela que explodiu 6.500 anos antes. A "estrela hóspede" era uma supernova, hoje chamada de SN 1054.

Ela também foi notada por astrônomos japoneses e árabes e, provavelmente, pelos nativos norte-americanos.

De volta das trevas

Depois de seus breves 653 dias de glória, a SN 1054 desapareceu. Nenhum vestígio dela foi visto durante quase setecentos anos. Então, em 1731, com a ajuda de um telescópio, o astrônomo britânico John Bevis descobriu os detritos da SN 1054. Em 1758, o astrônomo francês Charles Messier (1730-1817) procurava o cometa de Halley quando achou uma manchinha desfocada com o formato de uma chama

---

SUPERNOVA → NEBULOSA + PULSAR

Depois que consome a maior parte do hidrogênio de que se alimenta, uma estrela imensa não tem mais densidade suficiente para se manter. Quando chega ao ponto crítico, o centro entra em colapso numa enorme explosão. Tudo acaba em segundos. A maior parte da massa da estrela é lançada no espaço, produzindo a explosão de luz brilhante que vemos como supernova. O que resta é uma estrela de nêutrons densíssima, com apenas 28 a 30 km de diâmetro, no caso da SN 1054. Os restos da antiga estrela, ao se afastar, formam uma nuvem de detritos que vemos como uma nebulosa.

Quando entra em colapso, a estrela passa da rotação normal para uma rotação rapidíssima (até 42.000 vezes por minuto). A energia e o campo magnético da estrela de nêutrons chegam à Terra em pulsos rápidos com o giro da estrela — e daí o nome pulsar. A estrela de nêutrons deixada pela SN 1054 foi um dos primeiros pulsares descobertos em 1968 (ver a página 169). Ela costuma ser usada para calibrar a densidade de fluxo na astronomia de raios X (isto é, calibrar o fluxo de energia dos raios X através de uma área específica), e as unidades "crab" e "milicrab" levam seu nome (em inglês, a Nebulosa do Caranguejo chama-se Crab Nebula).

ESTRELAS FORA DE FOCO

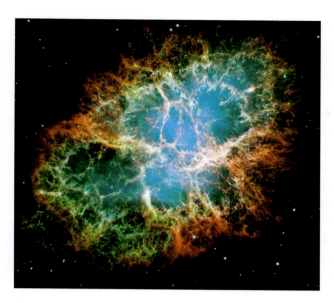

A Nebulosa do Caranguejo, remanescente da estrela que explodiu em 1054, é formada de poeira, hidrogênio e hélio, numa nuvem com onze anos luz de diâmetro que ainda cresce num ritmo de cerca de 1.500 km por segundo.

de vela. A princípio, pensou ter encontrado o cometa, mas tinha tropeçado nos remanescentes da SN 1054.

Como a intenção de Messier era encontrar cometas, os objetos desfocados como a SN 1054 atrapalhavam. Ele decidiu fazer um catálogo deles para ajudar outros caçadores de cometas. Sua edição final registrava 103 objetos, entre eles supernovas, nebulosas difusas, nebulosas planetárias, aglomerados abertos, aglomerados globulares e galáxias. Desde então, mais objetos foram descobertos, num total de 110 objetos de Messier hoje reconhecidos. A Nebulosa do Caranguejo é M1. Foi batizada "Nebulosa do Caranguejo" em 1844 pelo astrônomo anglo-irlandês William Parsons (conde de Rosse), que notou que seu desenho lembrava um caranguejo com alguns fiapos a mais. Rosse (1800-1867) construiu o maior telescópio do mundo, o "Leviatã de Parsonstown", com 1,07 m, e era capaz de produzir imagens detalhadas.

Parece estranho que Messier e seus colegas não quisessem investigar os objetos que encontraram. Antoine Darquier descreveu um deles, encontrado em 1779,

Hoje, o catálogo de objetos de Messier contém 110 objetos; o próprio Messier só achou dezessete.

165

MAPEAMENTO DAS ESTRELAS

como "muito fosco, mas perfeitamente delineado; é grande como Júpiter e se parece com um planeta que esteja sumindo". Mas para os caçadores de cometas esses objetos só atrapalhavam.

Herschel reconheceu a semelhança com um planeta em 1782 e descreveu uma nebulosa como "um disco planetário quase redondo e muito brilhante". A associação errada com os planetas nos deixou o nome "nebulosa planetária" para o envoltório de gás em expansão que cerca uma estrela moribunda. O objeto não tem nada a ver com planetas, mas o nome pegou.

Hóspedes oportunos

A partir de 1054, as duas únicas supernovas comparáveis foram extremamente oportunas, ocorrendo em 1572 e 1604, exatamente quando começava a revolução da astronomia. Se o evento de 1604 tivesse ocorrido cinco anos depois, Galileu teria sido capaz de observá-lo com seu telescópio. A supernova de 1572 foi observada por Tycho Brahe e outros na Europa. Na China da dinastia Ming, foi considerada um mau agouro, talvez um aviso ao jovem imperador para que se emendasse.

A supernova de Tycho (SN 1572) foi a prova indiscutível de que o céu não é eterno nem imutável. Ali estava uma estrela que aparecia do nada e depois sumia de novo — e não apenas um cometa, que se move pelo céu e era considerado mais baixo do que estrelas e planetas, mas uma estrela que pertencia à mesma esfera das outras. O fato de outra aparecer tão depressa, só 32 anos depois, foi uma sorte extraordinária para a história da astronomia.

Linhas e falta de nitidez

Só foi possível saber como diferenciar os vários tipos de objetos de Messier com o desenvolvimento da espectroscopia (ver a pá-

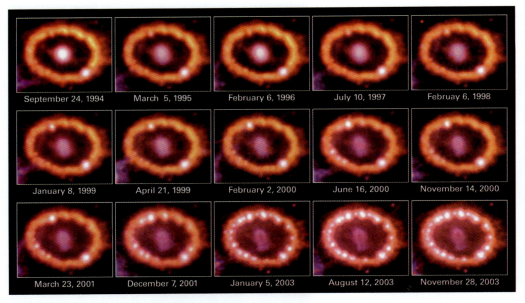

Essas imagens da Supernova 1987A tiradas pelo telescópio espacial Hubble mostram a mudança, de 1994 a 2003, da estrela que explodiu.

ESTRELAS FORA DE FOCO

EXPLOSÕES DE ESTRELAS DURANTE A HISTÓRIA

Apenas oito supernovas visíveis a olho nu dentro da Via Láctea foram registradas pela história. A primeira foi em 185 d.C. Astrônomos chineses a descreveram como visível por vários meses, parecendo uma esteira de bambu com cinco cores, "agradáveis ou não". Outras supernovas foram registradas em 393, 1006, 1054, 1181, 1572 e 1604. Em meados do século XVII, houve uma que pode ter sido registrada sem identificação clara na época; dizem que surgiu uma "estrela do meio-dia" em 1630, e John Flamsteed catalogou em 1680 uma estrela na exata posição de um remanescente, Cassiopeia A, descoberto em 1948. Talvez a de 1006 tenha sido a estrela mais brilhante já vista no céu noturno; no Egito, Ali ibn Ridwan (988-1061) registrou que tinha um quarto do brilho da Lua. A supernova de 1181 não brilhava mais do que uma estrela de primeira magnitude, mas foi registrada por astrônomos chineses e japoneses. Os registros chineses se referem a outros eventos que podem ter sido supernovas, mas até agora não foram ligados a nenhum remanescente.

Não houve supernovas visíveis a olho nu desde o século XVII, mas isso não significa que não estejam acontecendo. Os astrônomos estimam que, na Via Láctea, ocorre uma supernova a cada cinquenta anos.

gina 120). Então, em 1864, os astrônomos ingleses William e Margaret Huggins examinaram a emissão espectral e as linhas de absorção de várias nebulosas. O potencial das linhas espectrais — linhas de Fraunhofer, como eram chamadas — foi explorado pela primeira vez por astrônomos amadores, muitos deles moradores da Londres vitoriana e arredores. Uma das mais importantes foi Margaret Murray, que aprendeu astronomia com o avô e construiu seu próprio espectroscópio. Em 1875, ela se casou com William Huggins, outro astrônomo amador. Ele era um jovem empresário de sucesso, mas vendeu a empresa e comprou um bom telescópio para que os dois pudessem se dedicar à paixão pela espectroscopia. Eles publicaram seu *Atlas of Representative Stellar Spectra* (Atlas de espectros estelares representativos) em 1899.

O casal observou que, embora cerca de um terço dos objetos nebulosos tivessem espectros de emissão característicos de nuvens de gás, o resto tinha espectros característicos de estrelas. Essa foi a primeira prova de que alguns são aglomerados de estrelas, enquanto outros são vastas nuvens de gás e poeira (nebulosas verdadeiras). Mas ainda não era uma prova convincente da natureza das nebulosas estelares, e a discussão se aqueceu nos anos seguintes.

Fazer estrelas

Hoje se sabe que as nebulosas tanto podem ser berço quanto túmulo de estrelas. Imensas colunas de gás e poeira interestelar desmoronam quando a gravidade as concentra, formando primeiro nebulosas e depois, estrelas. Esses "berçários de estrelas" só foram adequadamente observados com o surgimento de telescópios espaciais, como o Hubble. Mas antes disso o papel das supernovas e das vastas nuvens de gás na reciclagem do material das estrelas ficou claro.

Hans Bethe explicou que as estrelas produzem hélio a partir do hidrogênio, mas e o resto? As linhas espectrais do Sol e de outras estrelas também mostravam a presença de elementos muito mais pesados. Esse enigma foi resolvido em 1946 pelo astrônomo britânico Fred Hoyle. Sua teoria da nucleossíntese propunha que todos os elementos são forjados dentro das estrelas. Em essência, no fim da vida, quando fica sem hidrogênio, a estrela começa a forçar os núcleos de hélio a se unirem. Três núcleos de hélio se fundem e formam o carbono. Depois, quando a estrela fica sem hélio, o que acontece depende de seu tamanho. Nas estrelas maiores, o carbono é forçado a se fundir em elementos mais pesados, e esse processo continua até o núcleo ser de ferro. Finalmente, ela entra em colapso e produz uma estrela de nêutrons ou um buraco negro (ver abaixo); o resto, a grande mistura de elementos, explode no espaço. A própria energia da explosão cria ainda mais elementos novos. E muito mais tarde os detritos da estrela formam planetas com a composição que vemos no sistema solar. Na verdade, somos poeira de estrelas.

A partir das linhas espectrais de Fraunhofer, a composição das estrelas e a existência de todos os elementos do universo foram explicadas. O ateu Hoyle conseguiu explicar a criação das estrelas e dos mundos sem recorrer a nenhuma causa sobrenatural. Tales teria aprovado.

A morte das estrelas

Como vimos, uma estrela grande pode acabar como supernova e pulsar. Uma estrela ainda maior pode resultar num buraco negro. A estrela desmorona sobre si mesma até toda a sua matéria se espremer num espaço muito pequeno, com gravidade tão grande que nem a luz escapa. O horizonte de eventos de um buraco negro é a fronteira além da qual nada pode escapar por ser atraído para dentro pela gravidade. A possibilidade teórica dos buracos negros nasceu das equações da relatividade de Einstein quando vários astrônomos trabalharam com elas a partir da década de 1920. Mas Pierre-Simon Laplace tinha proposto algo parecido em 1796 ao supor uma estrela com tanta massa e tanta gravidade que nem a luz conseguiria escapar da superfície.

Os "pilares da Criação" são imensas colunas de gás e poeira a 6.500-7.000 anos-luz de distância. Novas estrelas se formam nessa mistura de materiais.

No centro do buraco negro há uma "singularidade", um ponto onde a curvatura do espaço-tempo se torna infinita. Em 1939, o físico americano Robert Oppenheimer previu que estrelas de nêutrons com massa maior do que o triplo da do Sol acabariam se tornando buracos negros. A pesquisa dos buracos negros continuou nas décadas de 1950 e 1960, mas era inteiramente teórica, baseada na matemática, sem nenhum indício da existência de buracos negros e estrelas de nêutrons.

Então, em 1967, a radioastrônoma e astrofísica norte-irlandesa Jocelyn Bell Burnell (1943) encontrou um pulsar. Enquanto trabalhava com quasares, objetos com grande atividade de rádio encontrados no coração das galáxias, ela captou um sinal de rádio de pulso rápido que não conseguiu identificar. Rotulou-o como LGM-1 (de *"little green men"* ou "homenzinhos verdes", caso fosse algum sinal de alienígenas). A investigação acabou revelando que era uma estrela de nêutrons girando aproximadamente uma vez por segundo; em outras palavras, um pulsar.

A prova teórica dos buracos negros ficou mais convincente com o trabalho dos astrofísicos ingleses Roger Penrose (1931) e Stephen Hawking (1942) nas décadas de 1960 e 1970. Em 1970, eles publicaram um trabalho sobre a existência de singularidades nos buracos negros e afirmaram que, se a teoria do Big Bang na origem do universo estiver correta (ver a página 184), então o universo começou com uma singularidade. Em 1974, Hawking demonstrou que os buracos negros podem emitir radiação, hoje chamada radiação de Hawking, e com esse processo se exaurir e evaporar.

Galáxias questionadas

A partir de meados do século XIX, conforme os telescópios melhoravam, mais detalhes das nebulosas ficaram visíveis. Em 1845, William Parsons notou que Messier 51 tinha uma forma espiralada. (Hoje, ela é conhecida como a Galáxia do Rodamoinho.) Foi a primeira nebulosa espiral a ser descoberta, mas logo se seguiram outras.

Alguns astrônomos propuseram que, como há várias nebulosas espirais, talvez a Via Láctea fosse uma delas. Se a Via Láctea fosse uma espiral relativamente plana, isso explicaria sua aparência de faixa que atravessa o céu, porque estaríamos no plano da faixa. Essa foi uma evolução da sugestão de 1750 de Thomas Wright de que a Via Láctea é uma camada de estrelas e que estamos no meio dela. Outros astrônomos defendiam que as nebulosas espirais que estavam sendo descobertas eram simplesmente grandes nuvens de gás e poeira e não outras galáxias. Não havia acordo, e os indícios eram insuficientes para decidir. Talvez a natureza de alguns objetos nebulosos em formato espiralado não pareça uma questão muito importante, mas suas consequências eram significativas. Se as nebulosas espirais fossem outras galáxias, o tamanho do universo seria muitíssimo maior do que antes se imaginava.

O grande debate

No início do século XX, as opiniões se dividiam entre os que acreditavam que as nebulosas espirais eram imensas nuvens de gás dentro da Via Láctea e os que acreditavam que eram "universos-ilhas" (galáxias) separados e fora dela.

Em 1918, o astrônomo americano Harlow Shapley (1885-1972) usou uma

MAPEAMENTO DAS ESTRELAS

Se pudéssemos sair da Via Láctea, provavelmente ela seria muito parecida com a galáxia de Andrômeda.

técnica baseada no cálculo da distância de várias estrelas de luminosidade conhecida para descobrir a posição do Sol dentro de nossa Via Láctea. Ele descobriu que estamos a cerca de trinta mil anos-luz do centro. Ele acreditava que a Via Láctea era tão vasta que nada poderia estar fora dela.

Heber Curtis (1872-1942), outro astrônomo americano, acreditava que as nebulosas espirais eram outras galáxias e ficavam fora da Via Láctea. Em 1920, o debate entre Shapley e Curtis estabeleceu os dois lados da discussão. Conhecido como o Grande Debate, foi um marco da astronomia do século XX. Aconteceu no Museu Smithsoniano de História Natural, na cidade de Washington, nos EUA.

Os dois estavam certos em algumas coisas e errados em outras. Shapley tinha razão quanto à posição do Sol fora do centro da Via Láctea (Curtis acreditava que ele ficava no meio), mas estava errado quanto às nebulosas espirais serem nuvens dentro de nossa galáxia. Curtis estava certo a respeito das nebulosas espirais, que são outras galáxias. A questão foi finalmente resolvida por Edwin Hubble (1889-1953). Com o telescópio Hooker de 254 cm no Monte Wilson, na Califórnia, ele produziu fotografias com exposição profunda de grandes campos de estrelas e conseguiu mostrar estrelas individualmente dentro da galáxia de Andrômeda. Com a mesma técnica de Shapley para calcular distâncias, Hubble descobriu que a distância entre essas estrelas e o Sol era mais de dez vezes maior que a distância das estrelas mais longínquas da Via Láctea e, portanto, tinham de estar em outra galáxia. Ele estimou sua distância do Sol em um milhão de anos-luz. (Na verdade, Andrômeda fica a cerca de 1,5 milhão de anos-luz de distância.) Andrômeda foi a primeira galáxia além da nossa a ser conclusivamente identificada. Hubble publicou seus resultados em 1929 e mudou para sempre nossa visão do universo e de nosso lugar dentro dele. Num período de cerca de quatrocentos anos, as descobertas da astronomia e da biologia rebaixaram os seres humanos da posição de governantes supremos criados no centro do universo para a de seres evoluídos e em evolução num planetinha que orbita uma estrela afastada numa das muitas galáxias.

GALÁXIAS AOS MONTES

Desde a descoberta de Hubble, os astrônomos encontraram muito mais galáxias. Em 2016, toda uma série de galáxias antes desconhecidas foi encontrada escondida atrás da Via Láctea. É difícil "ver" atrás da distração brilhante das estrelas de nossa galáxia, mas o radiotelescópio do Observatório Parkes, na Austrália, revelou 883 galáxias ocultas na chamada Zona de Evitamento. Acredita-se que haja cem a duzentos bilhões de galáxias no total. Isso é calculado usando o telescópio espacial Hubble para examinar uma região minúscula do espaço durante centenas de horas, permitindo que até a luz mais fraca de outra galáxia seja registrada. Então, os astrônomos extrapolam a partir do número de galáxias observadas para obter um valor para o céu inteiro. Uma galáxia como a Via Láctea tem duzentos a quatrocentos bilhões de estrelas; muitas galáxias são menores e têm menos estrelas, outras são maiores e têm trilhões delas. Isso indica talvez um total de 4×10^{22} de estrelas. Mais uma vez, esse é apenas o universo observável; o universo inteiro pode ser muito maior e até infinito (ver a página 189).

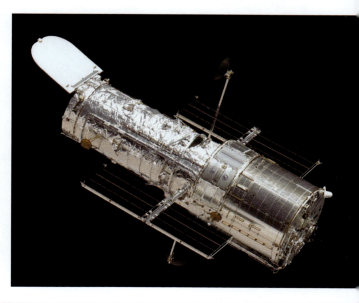

CAPÍTULO 7

A refeitura do **UNIVERSO**

"Estabeleceu-se com provas que existe, além do mundo, um vácuo sem limite terminal, e estabeleceu-se também com provas que o Deus Altíssimo tem poder sobre todos os seres contingentes. Portanto, Ele, o Altíssimo, tem o poder de criar mil milhares de mundos além deste, de modo que cada um desses mundos seja maior e mais imenso do que este."

Fakhr al-Din al-Razi,
Matalib al-'Aliya, século XII

No fim do século XVII, o modelo coperniciano ofereceu um arcabouço inteiramente novo dentro do qual a mecânica do universo foi elaborada. Mas os telescópios levaram à extensão do universo conhecido, que ficou ainda maior, e revelaram um número crescente de fenômenos que exigiam explicação. Isso exigiu uma nova abordagem da cosmologia, baseada na matemática.

Mencionada pela primeira vez por al-Sufi no século X, a Grande Nuvem de Magalhães foi uma das primeiras galáxias fora da Via Láctea a serem descritas.

A REFEITURA DO UNIVERSO

Mecânica celeste

No modelo ptolomaico do universo, um misterioso "Motor Primeiro", uma força sobrenatural além da esfera das estrelas fixas, pôs a esfera externa em movimento; essa esfera arrastou as outras consigo. Para a Igreja cristã, o Motor Primeiro era Deus. Copérnico não tinha um substituto para o Motor Primeiro, mas parece que o sistema poderia funcionar da mesma maneira, trocando a Terra pelo Sol na posição central. Kepler descobriu que a órbita dos planetas é elíptica, mas não tinha como explicar o que os fazia se mover dessa maneira.

Fazer com que se movam

A época do Iluminismo, que começou perto do fim do século XVII, caracterizou-se pelo impulso para descobrir as leis naturais que governam o universo. Essas leis poderiam ser descobertas pelo uso da razão, por experiências e pela observação. Foi uma evolução natural do Renascimento, com sua confiança renovada na capacidade humana.

O filósofo e matemático francês René Descartes (1596-1650) foi importantíssimo para estabelecer o clima intelectual no qual o Iluminismo prosperaria. Uma de suas metas era pôr a ciência sobre uma base metafísica.

Descartes e o vórtice

Descartes aceitava o modelo heliocêntrico do sistema solar. Dentro disso, buscou um modo de fazer os planetas se moverem. Sua solução foi vislumbrar o espaço cheio de esferas giratórias (vórtices) de partículas. Em vez de espaço vazio, o universo inteiro (o "pleno") está dividido em muitos vórtices adjacentes, um dos quais ocupado por nosso sistema solar. Cada planeta ocupa uma faixa separada dentro do vórtice, e todos giram em torno do Sol. Nenhum planeta é responsável por seu próprio movimento, mas simplesmente carregado pela torrente de partículas.

Como Descartes acreditava que o universo era cheio de matéria, o movimento tinha de ser circular; qualquer outro exige um espaço vazio para onde o primeiro pedacinho de matéria vai se deslocar. No movimento circular, cada pedacinho de matéria simplesmente substitui o seguinte. O todo foi posto em movimento por Deus ao criar o pleno e dividi-lo em partes que, quando começaram a se mover, se tornaram os vórtices. Assim, o Motor Primeiro ainda tinha emprego.

No sistema de Descartes, a matéria se move constantemente dos polos do vórtice do sistema solar para o centro do Sol, composto inteiramente de matéria "primária" dividida em partículas infinitesimais. A

René Descartes, uma das grandes mentes do Iluminismo francês, propôs um universo formado por vórtices giratórios de matéria

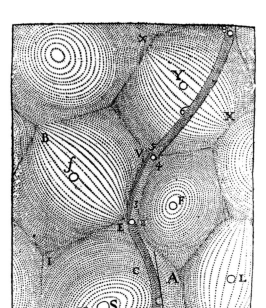

No modelo de Descartes, cada estrela ou sol ficava no centro de um vórtice de matéria em movimento constante

matéria primária é expulsa pelo equador do Sol e o movimento circular recomeça. Há até um mecanismo para o colapso dos vórtices. Pedacinhos perdidos e maiores de matéria que aderem à superfície do Sol formam as manchas solares. Caso se acumulem demais, o sol/estrela pode formar uma crosta, e a matéria primária não consegue mais entrar. Ela continua a ser expelida pelo equador, mas, como não há movimento circular mantendo a superfície do vórtice, os vórtices adjacentes invadem seu espaço e o ocupam. A estrela morre e pode se tornar um planeta no vórtice consumido ou talvez um cometa.

A teoria de Descartes foi popular, mas acabou derrubada por outra vinda da Inglaterra: a teoria da gravidade de Newton.

Newton põe os corpos celestes em seu lugar

Em 1666, Newton concebeu a ideia de que a gravidade da Terra influencia a Lua, contrabalançando a força centrífuga que a faria sair girando pelo espaço. Esse foi o começo de uma abordagem do universo nova e revolucionária, dominada pela mecânica.

Newton demorou para publicar suas ideias, embora as formulasse bem depressa. Finalmente, *Philosophiæ naturalis principia mathematica* (Princípios matemáticos da filosofia natural), conhecido simplesmente como os *Principia*, foi publicado em 1687 por insistência do astrônomo Edmond Halley (ver a página 146). É um dos livros científicos mais importantes já escritos. Os *Principia* exploram o impacto das forças sobre os corpos em movimento e trata de órbitas, projéteis, pêndulos e objetos em queda. Newton mostrou que todos os corpos celestes são atraídos uns pelos outros e explicou que o Sol mantém os planetas em órbita com a força da gravidade, que funciona no espaço vazio.

A partir de sua lei da força centrífuga, que explica a força que age sobre um corpo em movimento circular uniforme, e da terceira lei de Kepler (ver a página 64), Newton elaborou a lei do inverso do quadrado da distância, que explica que a força que age entre dois corpos é inversamente proporcional à distância entre eles, de modo que, quando a distância dobra, a força se reduz a um quarto. Ele mostrou por que a trajetória dos corpos em órbita

A REFEITURA DO UNIVERSO

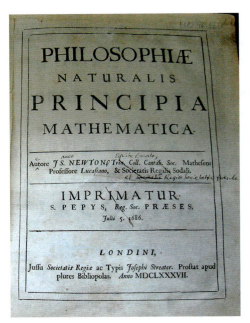

Os Principia foram finalmente publicados em 1687, vinte anos depois de Newton formular suas ideias sobre a gravidade.

> **PRINCIPIA**
>
> Os Principia de Newton se dividem em três livros:
>
> O Livro I lança as bases da mecânica e desenvolve a matemática do movimento orbital em torno de um centro de força, identificando a gravidade como a força que controla o movimento dos corpos celestes.
>
> O Livro II trata do movimento dos fluidos e de objetos através de fluidos e inclui um cálculo da velocidade do som.
>
> O Livro III demonstra o efeito da gravidade no sistema solar, inclusive a órbita dos planetas (como a Terra) e de suas luas e os movimentos dos planetas; explica a precessão axial e as marés e inclui cálculos da massa relativa dos corpos celestes e o formato (esferoide oblato) da Terra e de Júpiter, que tinha sido observado, mas não explicado.

é elíptica e aplicou isso a planetas, satélites e cometas. Newton não precisou de nenhum conceito de éter, já que a gravidade age à distância sem necessidade de mediação de nenhum tipo de matéria. Suas teorias uniram fenômenos diferentes, como as marés, a órbita dos cometas, a trajetória da Lua e a precessão axial, e explicaram o movimento de todos os corpos celestes, dentro e fora do sistema solar.

A descrição de Newton levou algum tempo para ser universalmente aceita. Muitos cientistas preferiam o sistema de Descartes. Tinha a vantagem da simplicidade; precisava de Deus para pôr tudo em movimento e o resto seguia apenas as leis da Física, sem necessidade de uma misteriosa força da gravidade que atuasse à distância. Além disso, não contradizia o ensinamento das Escrituras de que a Terra é estacionária. Na descrição de Descartes, "a Terra propriamente dita não se move, assim como nenhum dos planetas, embora sejam arrastados pelo céu". Newton também afirmava que Deus fazia seu modelo funcionar, embora não afirmasse

> *"Toda matéria atrai toda outra matéria com uma força proporcional ao produto de suas massas e inversamente proporcional ao quadrado da distância entre elas."*
>
> Isaac Newton, 1687

MECÂNICA CELESTE

ISAAC NEWTON (1642-1727)

Isaac Newton teve uma infância complicada e infeliz e era descrito como "desatento" e "preguiçoso" na escola. Foi estudar Direito na Universidade de Cambridge, mas se interessou por mecânica, física e astronomia e aprendeu matemática sozinho. Em 1665, a peste fechou a universidade, e Newton voltou para casa em Lincolnshire. Foi uma época produtiva: ele desenvolveu o método matemático de cálculo diferencial e integral, descobriu que a luz branca pode se dividir num espectro de cores e começou seu trabalho sobre a gravidade e as leis da mecânica.

Em 1669, com 27 anos e de volta a Cambridge, Newton foi nomeado professor lucasiano de matemática (cargo depois ocupado pelo astrofísico Stephen Hawking). Ele ensinou que a luz é formada de partículas ("corpúsculos") em vez de ondas; por muito tempo, essa foi uma razão de disputa entre cientistas. Sua obra mais importante foi sobre a física e o movimento dos corpos celestes.

Os *Principia* tornaram Newton internacionalmente famoso, e em cinquenta anos sua teoria foi universalmente aceita. A descrição que Newton faz da gravidade predominou até o século XX, quando foi superada pela obra de Albert Einstein (ver a página 179). Ao lado do trabalho na ciência, ele se dedicou avidamente a alquimia, teologia e história antiga.

Newton era um homem difícil. Não gostava de se relacionar com outras pessoas, não conseguia aceitar discordâncias profissionais e tendia a ser briguento. Desenvolveu uma animosidade vitalícia por Robert Hooke e depois por Gottfried Leibniz. Relutou (e demorou) para publicar sua obra, aparentemente para evitar confrontos. Tornou-se presidente da Royal Society em 1703 e permaneceu no cargo até morrer. Em 1705, foi o primeiro cientista a ser feito cavaleiro por seu trabalho.

A REFEITURA DO UNIVERSO

que a Terra era estacionária. No modelo de Newton, Deus criou o universo para seguir as leis da Física, o pôs em movimento e depois não precisou fazer mais nada; a gravidade ainda era uma invenção de Deus. Esse modelo do "universo mecânico" combinava bastante com o clima do Iluminismo; em meados do século XVIII, o modelo gravitacional newtoniano era geralmente aceito pela maioria dos cientistas.

Newton refinado

Um problema específico preocupava os astrônomos da época: a órbita de Júpiter parecia estar diminuindo, enquanto a de Saturno parecia aumentar. O matemático e astrônomo francês Pierre-Simon Laplace (1749-1827) desenvolveu a matemática necessária para resolver o problema. Sua solução se baseava no fato de que duas órbitas de Saturno são quase iguais a cinco de Júpiter, fazendo com que os planetas se aproximem mais ou menos uma vez a cada novecentos anos. Isso basta para criar perturbações na órbita. Com os cálculos de Laplace, as tabelas que previam a órbita dos dois se tornaram muito mais precisas.

Laplace tentou ampliar seu modelo de Júpiter e Saturno para todo o sistema solar, com sucesso apenas limitado. Na verdade, o problema de como vários corpos em órbita se influenciam entre si não é solúvel. Suas obras concisas sobre o sistema solar — Exposition du système du monde e Mécanique celeste ("Explicação do sistema do mundo" e "Mecânica celeste") apresentam todo o cálculo por trás do modelo de Newton, preenchendo os detalhes que Newton não conseguiu elaborar.

Mais movimento

Embora Newton e os que vieram depois tenham se concentrado principalmente na mecânica do sistema solar, William Herschel adotou um ponto de vista mais amplo. Ele foi o primeiro a medir o movimento próprio das estrelas e seu movimento em relação umas às outras (ver o quadro da página 180) e a perceber que estavam se aproximando numa região mas se afastando em outra. Fazia tempo que se desconfiava do movimento próprio. Macróbio registrou, por volta de 400 d.C., que alguns astrônomos gregos acreditavam que o tamanho do universo e a distância das estrelas são a única razão para não conseguirmos vê-las se movendo. Elas se movem, mas de onde estamos seu movimento é tão gradual que não conseguimos percebê-lo.

Pierre-Simon Laplace foi o primeiro a abordar os problemas da mecânica celeste usando o cálculo.

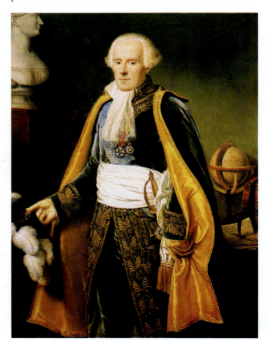

178

O QUADRO MAIOR

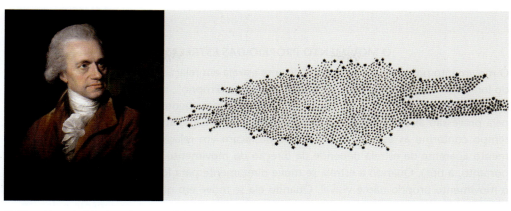

William Herschel (acima à esquerda) produziu um mapa da Via Láctea com o registro da posição das estrelas.

Em 1718, Edmund Halley notou pela primeira vez o movimento próprio de três estrelas brilhantes: Sírius, Aldebarã e Arcturus. Ao comparar a medição que fez da posição das estrelas com a registrada por Hiparco por volta de 150 a.C., ele descobriu uma mudança perceptível. Algumas estrelas tinham se deslocado mais do que outras. Por exemplo, em 1.850 anos Sírius avançara meio grau (mais ou menos o diâmetro da Lua) para o Sul.

No mesmo século, Herschel também se interessou pelo movimento próprio das estrelas e publicou seus achados em 1783. Ele concluiu que o Sol (e, portanto, a Terra em órbita em torno dele) está se deslocando na direção das estrelas que parecem estar se afastando, porque, conforme nos aproximamos, a distância entre elas parece aumentar. Esse foi um achado extraordinário, porque mostrou que o Sol, afinal de contas, não está no centro imóvel do universo; Herschel descobriu que se movia numa trajetória própria rumo à estrela Lambda Herculis.

O quadro maior

Mesmo com o universo se expandindo, com mais e mais estrelas, nebulosas e, talvez, até novas galáxias, a descrição básica da mecânica planetária de Newton continuava a se aplicar, aprimorada pelos refinamentos de astrônomos posteriores como Laplace. Então, em 1905, um inspetor de patentes austríaco jogou água no ventilador.

A relatividade substitui a mecânica newtoniana

Albert Einstein (1879-1955) não era astrônomo e sim físico teórico, mas seu trabalho teve impacto profundo sobre a cosmologia. Sua teoria da relatividade geral substituiu, efetivamente, a explicação de Newton para a gravidade. Em 1905, um ano notável, ele publicou quatro artigos revolucionários, inclusive a teoria da relatividade especial. Seus achados mais importantes para a astronomia foram:

- a radiação eletromagnética vem em pacotes discretos ("quanta") de energia e não em ondas. A noção de Newton

O MOVIMENTO PRÓPRIO DAS ESTRELAS

O movimento próprio é o movimento de uma estrela em relação às outras num período longo. (Mede-se em segundos de arco por ano.) "Próprio", neste sentido, significa o movimento da "própria" estrela. Ao contrário do movimento aparente provocado pela precessão axial da Terra, o movimento próprio é cumulativo e aumenta com o tempo conforme as estrelas realmente se deslocam em relação ao Sol. O deslocamento aparente da estrela depende da direção do movimento em relação ao Sol (e, portanto, a nós). Quando a estrela se move diretamente para longe ou perto de nós, o movimento próprio não é visível. Quando ela se move em qualquer outra direção, o movimento parecerá maior ou menor dependendo do plano desse movimento e da distância da estrela. No mesmo período, as mais próximas tendem a apresentar movimentos próprios maiores do que as mais distantes.

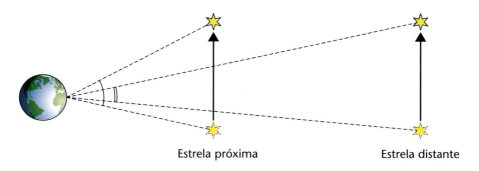

Estrela próxima   Estrela distante

de que a luz é transmitida em "corpúsculos" fora derrubada pelo modelo de James Clerk Maxwell, que explicava a radiação eletromagnética como ondas de energia.
- as leis da física são as mesmas em todo o universo.
- a velocidade da luz é, ao mesmo tempo, uma constante fixa e o limite de velocidade universal; ela é a mesma, seja qual for o sistema de referências do observador, e nada pode excedê-la.
- energia e matéria são intercambiáveis e definidas pela equação $E = mc^2$, onde E = energia, m = massa e c = uma constante (a velocidade da luz). Quantidades minúsculas de massa podem se converter em quantidades imensas de energia — um achado que depois explicou como as estrelas se alimentam e abriu a porta das armas nucleares e da energia atômica.

Einstein estava incomodado com aspectos da relatividade especial e continuou a trabalhar até publicar a teoria da relatividade geral em 1916. Ela propunha que o espaço-tempo é distorcido por objetos com massa, produzindo o efeito da gravidade.

COMEÇAR E SER

Essa distorção faz um objeto se mover na direção de outro, com o objeto de maior massa tendo mais efeito. Outro aspecto é que gravidade e aceleração são indistinguíveis. No ano seguinte, ele publicou suas ideias sobre a "constante cosmológica", um tipo de força antigravidade que impedia o universo de entrar em colapso sobre si mesmo, como aconteceria sob a força da gravidade. Mais tarde, ele a chamou de "tropeço", mas sua teoria foi reexaminada como possível explicação do fenômeno da "energia escura" (ver a página 189).

A explicação de Einstein substituiu ou, talvez, expandiu a teoria da gravidade de Newton. Na mecânica newtoniana, a massa, o tempo e a distância são considerados fixos. Isso funciona na maioria dos sistemas de referências, e as leis de Newton servem muito bem para prever a maioria dos movimentos planetários e para lançar espaçonaves. Mas no universo de Einstein essas grandezas são relativas e variam de acordo com o sistema de referências. O modelo de Einstein se aplica a todos os níveis de tamanho em todos os sistemas de referências, enquanto o de Newton não funciona bem com alta velocidade ou tamanho muito pequeno.

A luz se curva

Einstein defendeu a noção importantíssima que a luz pode ser curvada pela gravidade. O grau de curvatura previsto pela mecânica newtoniana é cerca da metade do previsto pela teoria da relatividade.

A validade da teoria de Einstein foi demonstrada por uma experiência famosa que explorou exatamente essa diferença. O astrônomo inglês Arthur Eddington (1882-1944) pegou um navio para Príncipe, ao largo da costa da África, para fotografar um eclipse solar total em 1919. As medições feitas com base em suas fotografias demonstraram que a trajetória da luz das estrelas ocultas atrás do Sol se curva com a gravidade e as torna visíveis. Hoje, esse efeito — a curvatura da luz em torno de um corpo muito grande — é usado de várias formas pelos astrônomos, como na busca de exoplanetas (planetas que orbitam outras estrelas além do Sol; ver a página 201).

Começar e ser

O trabalho de Einstein volta a provocar uma pergunta que perturbou até os pri-

As armas nucleares aproveitam o poder guardado nos átomos e explicado pela equação de Einstein E = mc².

A REFEITURA DO UNIVERSO

Esta imagem composta feita com fotos tiradas pelo telescópio espacial Hubble durante 841 órbitas da Terra mostra dez mil galáxias distantes. As azuis são as mais novas, e provavelmente há estrelas sendo formadas dentro delas.

meiros astrônomos: o universo é fixo e estável ou está mudando? Essa pergunta sobre seu estado imediato provoca a questões maiores sobre o passado e o presente: o universo é finito no tempo, com começo e fim, ou é eterno? Se for finito, haverá apenas um universo, que surge apenas uma vez, ou ele será cíclico, aparecendo várias vezes?

No começo...

Toda cultura tem seu mito de origem. Esses mitos são a matéria-prima da religião e das lendas, cosmologias míticas que tentam responder às perguntas filosóficas de por que estamos aqui e como surgimos. Mas, nos últimos 2.500 anos, a cultura europeia também teve teorias da origem, além de simples mitos. Os antigos gregos fizeram a primeira tentativa de explicar a origem do universo sem recorrer ao divino com a primeira explicação protocientífica (embora também tivessem seus mitos da criação). Anaximandro afirmou que o "ilimitado" sempre existiu e sempre existirá: "todo o céu e os mundos dentro dele" vem de "alguma natureza ilimitada". Uma porção minúscula ou "germe" se separou do ilimitado e formou uma bola de fogo envolvendo os vapores que cercam a Terra. A bola de fogo se dividiu em vários anéis, que se tornaram o Sol, a Lua e as estrelas.

Anaxágoras propôs que o universo era uma mistura de diversos ingredientes divididos em fragmentos infinitamente pequenos. A mistura se punha em movimento giratório pela ação do *nous* (mente), e o movimento separou os ingredientes, que se aglomeraram para formar os diversos tipos de matéria e os objetos que vemos à nossa volta.

Parmênides propôs, no início do século V a.C., que nada pode vir do nada nem desaparecer no nada; portanto, o universo é eterno e imutável. Onde não houver mais nada existe o *eon*, que é a essência do ser. No século IV a.C., Aristóteles concordou que o universo é imutável, mas não o considerou infinito em extensão.

182

No século III a.C., os estoicos gregos adotaram o modelo cíclico, em que as partes do universo que podemos ver surgiram e acabarão deixando de existir para voltar a se formar em outra configuração. A cosmologia estoica ensinava que, no estado original, o universo era totalmente *pneuma* (fôlego), que também era Deus. Uma mistura de tensão e calor no *pneuma* fez os diversos elementos se formarem — primeiro o fogo, depois o ar, depois a água mais pesada e, finalmente, a terra. Deles se forma a matéria que vemos. Mas a tensão inata do universo permanece e acabará destruindo tudo. A Terra e o universo decairão e a matéria retornará primeiro a seus elementos e depois, ao *pneuma*. Em algum momento, o ciclo recomeçará.

Apesar desses vários modelos — e havia outros —, o universo eterno se tornou o modelo dominante no Ocidente. Como outros aspectos da cosmologia de Aristóteles, essa noção falava à Igreja cristã e ao islamismo, pois permitia que Deus tivesse iniciado uma criação eterna, perfeita e imutável, de acordo com os ensinamentos dos textos sagrados. Durante muito tempo, não se considerou que o universo tivesse começo e fim.

Desafio à estase

A imutabilidade do universo foi praticamente inquestionável no Ocidente até a supernova de Tycho Brahe aparecer em 1572. Naquele momento, o astrônomo inglês Thomas Digges (1546-1595) tentou medir a distância da "nova estrela" usando paralaxe (ver a página 107). Não conseguiu; estava longe demais. Como era possível usar a paralaxe a olho nu para medir a distância de objetos relativamente próximos, o fracasso do método demonstrou que a estrela estava além da órbita da Lua, na zona onde as coisas não deveriam mudar.

O outro aspecto da narrativa religiosa de que o universo surgiu por um ato de criação divina durou ainda mais. Só depois que a interpretação literal da narrativa bíblica levou uma surra e tanto das mãos dos cientistas do século XIX, a origem do universo passou a ser objeto de exame.

Assim, quando a questão da origem do universo voltou a surgir no século XX, fazia uns dois mil anos que muitos argumentos não eram adequadamente arejados. Como vimos, Einstein, como Newton, era favorável ao universo estático: infinito mas estável, sem crescer nem diminuir. Mas, ao que parece, Einstein estava errado.

A supernova de 1572 e sua explicação por Tycho Brahe provaram que o céu não é imutável.

A REFEITURA DO UNIVERSO

Georges Lemaître não viu questionamento à sua crença religiosa na teoria do Big Bang.

Tudo vem do nada

O padre e astrônomo belga Georges Lemaître (1894-1966) descobriu um modo de defender a expansão do universo quando trabalhava com as equações da relatividade de Einstein. Ele também propôs que as galáxias mais distantes estariam se afastando mais depressa do sistema solar. Em 1927, Lemaître publicou seus achados em francês, mas eles só foram notados depois de traduzidos para o inglês.

Ao mesmo tempo, o astrônomo americano Edwin Hubble examinava galáxias distantes no Observatório do Monte Wilson. Seus achados de 1929 confirmaram a previsão de Lemaître: além de estarem se afastando da Terra, as galáxias mais remotas se afastam mais depressa. Dois anos depois, em 1931, Eddington encontrou o artigo de Lemaître e mandou traduzi-lo para o inglês. Naquele mesmo ano, Lemaître disse, numa reunião em Londres, que, se tudo estiver se afastando, seria sensato supor que, a princípio, estivesse tudo junto. Ele propôs que o universo inteiro se expandiu a partir de um único ponto, um "átomo primordial" ou "ovo cósmico".

A teoria do ovo cósmico levou alguns anos para pegar; foi impopular a princípio e ridicularizada em alguns setores. Na verdade, o nome pelo qual a teoria é conhecida hoje — o Big Bang — foi cunhado em 1949 como observação sarcástica do astrônomo inglês Fred Hoyle. Mas Einstein e outros passaram finalmente a aceitá-la, e hoje ela é o paradigma científico mais aceito para a origem do universo, aprovado até pela Igreja.

Pombos ou o universo?

Ao rejeitar a ideia do Big Bang, Hoyle desafiou os partidários da teoria a encontrar provas do calor — o "fóssil" do Big Bang

---

OVOS CÓSMICOS DE TRÊS MIL ANOS

A ideia de que o universo inteiro se expandiu a partir de um ponto infinitesimal surgiu no Rigveda, uma coletânea de hinos hinduístas escritos em sânscrito na Índia entre 1500 a.C. e 1200 a.C. O texto estabelece a teoria (ou mito) de Brahmanda, o "ovo cósmico" que guarda todo o conteúdo do universo num único ponto infinitesimal chamado Bindu. O universo se expande a partir do "ovo" e, depois de um longo período, volta novamente a ele, antes de se expandir outra vez num ciclo infinito de expansões e contrações. Uma série infinita de expansões e colapsos continua a ser um modelo possível da teoria do Big Bang.

> "O Big Bang, hoje postulado como origem do mundo, não contradiz o ato divino da Criação; ele o exige."
>
> Papa Francisco, 2014

— que deveria ter restado dessa explosão inicial. Essa prova não demorou a ser encontrada. Em 1964, os engenheiros de rádio americanos Arno Penzias e Robert Wilson trabalhavam numa nova antena supersensível e tentavam remover todas as fontes de interferência e ruído de fundo. Quando eliminaram todos os sinais externos, ainda havia um leve ruído de fundo com intensidade cem vezes maior do que esperavam. Eles culparam os pombos que faziam ninho perto da antena, e os removeram com todos os seus excrementos. O ruído persistiu e até se espalhou pelo céu, dia e noite. Por meio de Bernard F. Burke, professor do MIT (Instituto de Tecnologia de Massachusetts), Penzias e Wilson souberam de um trabalho que propunha que a radiação do Big Bang podia ser perceptível no espaço e perceberam que tinham acabado de descobri-la: a radiação cósmica de fundo em micro-ondas (RCFM), o eco do Big Bang.

Depois da explosão

Em 1980, o físico americano Alan Guth propôs um universo inflacionário, que inclui um período logo após o Big Bang em que o universo se expandiu exponencialmente por um período curtíssimo. Isso explica alguns problemas matemáticos do modelo do Big Bang e é geralmente aceito hoje. de segundo (ou seja, 0,00000000000000000000000000000000000001 de segundo!).

O tamanho do universo

Até hoje o conceito de universo infinito no espaço é difícil de entender. A pergun-

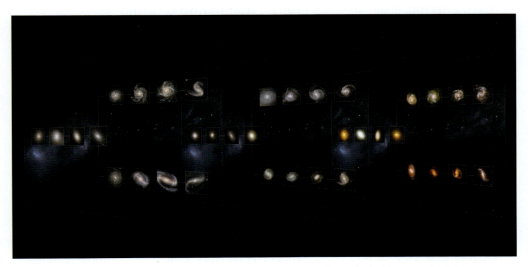

Os tipos de galáxia que os astrônomos acreditam existir no universo hoje (à esquerda) há quatro bilhões de anos (centro) e há onze bilhões de anos (à direita).

A REFEITURA DO UNIVERSO

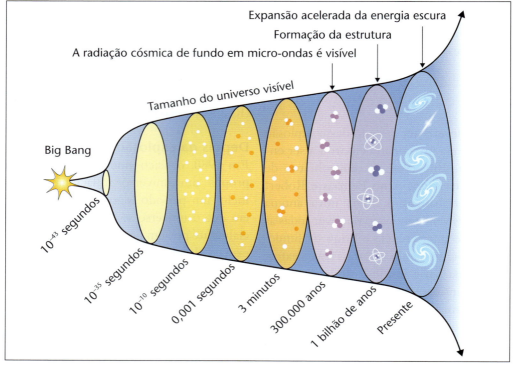

A história do universo a partir do Big Bang, mostrando a fase inicial de rápida inflação, depois se estabilizando e, finalmente, acelerando a expansão.

ta "E o que há fora dele?" logo nos ocorre e raramente se satisfaz com a resposta de que não há fora.

Um universo limitado

Tanto o modelo ptolomaico quanto o coperniciano continham o sistema inteiro numa esfera; o universo era limitado e finito. As estrelas fixas eram equidistantes da Terra, presas à esfera orbital mais externa. Quando olhamos o céu à noite, não há nada que indique que as estrelas estão a profundidades diferentes de nosso campo de visão. Elas têm brilhos variados, é verdade, mas a causa poderia ser o tamanho ou a intensidade diferentes e não a distância.

Rompendo o casulo

Talvez o primeiro cientista a questionar a ideia das estrelas num universo limitado tenha sido Thomas Digges. Ele estilhaçou a esfera externa do universo coperniciano ao propor que as estrelas não ficam numa faixa fixa, mas se estendem para longe no espaço infinito.

Qual a distância das estrelas?

Fosse aceita ou não a noção de infinidade, o tamanho do espaço sem dúvida era um problema. Assim que as estrelas se livraram de sua esfera fixa para se espalhar pelas três dimensões, surgiu a questão da distância até elas e entre elas. Quando Galileu descobriu que a Via Láctea é

O TAMANHO DO UNIVERSO

> **ARQUIMEDES ESTIMA O TAMANHO DO UNIVERSO**
>
> Numa obra chamada *O contador de areia*, Arquimedes se dispôs a calcular o número de grãos de areia necessários para encher o universo. Ele começou com o universo heliocêntrico de Aristarco e teve de inventar um modo de exprimir números grandes, pois o maior número com nome na época era a miríade (10.000). Arquimedes chegou a um número equivalente a 10^{63} grãos de areia. Numa coincidência espantosa, esse número é igual à estimativa atual do tamanho do universo, que é de 10^{80} núcleons; 10^{63} grãos de areia contêm cerca de 10^{80} núcleons.

pois ele tinha de comparar de memória o brilho do Sol com o de Sírius, que só pode ser vista à noite, quando o Sol não está lá.) Mas o Sol nunca igualou o brilho de Sírius; por menor que fosse o furo, o Sol era sempre mais brilhante. Em seguida, ele comprou contas opacas para pôr na frente do furo menor, mas mesmo assim o Sol era brilhante demais. Finalmente, depois de reduzir a luz do Sol num fator de cerca de 800 milhões, ele avaliou que estava com um brilho equivalente ao de Sírius. A partir desse número, usando o conhe-

formada de estrelas, o universo de repente ficou muito maior do que se pensava; ele tinha se ser muitas vezes maior, talvez milhares de vezes, para acomodar todas as novas estrelas encontradas.

A primeira tentativa de medir a distância das estrelas foi feita por Christiaan Huygens no final do século XVI. Seu método foi engenhoso.

Huygens abriu furos de tamanhos diferentes numa placa de latão e depois a ergueu para o Sol. Ele esperava descobrir, por um dos furos, se o brilho do Sol seria igual ao de Sírius, a estrela mais brilhante no céu noturno. (É óbvio que há uma grande margem de erro nesse método,

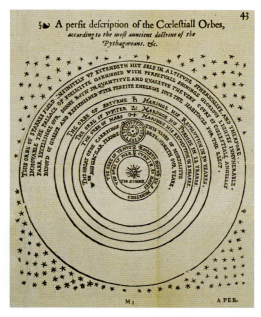

Desenho do universo copernicano feito por Thomas Digges, com estrelas ilimitadas se estendendo além do sistema solar.

> *"Esse orbe de estrelas fixas se estende infinitamente para cima, esfericamente em altitude e, portanto, imóvel, o palácio da felicidade guarnecido de gloriosas luzes inumeráveis de brilho perpétuo, que muito excedem o sol em quantidade e qualidade."*
>
> Thomas Digges, 1576

A REFEITURA DO UNIVERSO

cimento de que o brilho é inversamente proporcional à distância, ele calculou que a distância de Sírius seria igual a 28.000 vezes a distância entre a Terra e o Sol. Isso chega a 0,4 anos-luz, mas na verdade Sírius fica a 8,7 anos-luz de distância. Mas o cálculo de Huygens não foi tão errado assim; ele só partiu do pressuposto falso de que Sírius teria o mesmo brilho do Sol, mas ela é cerca de 25 vezes mais brilhante. (O mesmo pressuposto de que a magnitude tem relação direta com a proximidade trouxe dificuldades para os que catalogavam estrelas.)

A primeira medição exata da distância de uma estrela aconteceu em 1838, na obra do astrônomo alemão Friedrich Bessel (1784-1846). Ele reconheceu que, quanto maior o efeito de paralaxe de uma estrela, mais próxima ela deveria estar. Com base nesse pressuposto, ele escolheu a estrela 61 Cygni para o cálculo. Foi uma escolha bastante corajosa, porque essa não é uma estrela brilhante. Ele foi o primeiro astrônomo que conseguiu medir a paralaxe de uma estrela, com medições detalhadas e precisas dos movimentos próprios de cinquenta mil estrelas (ver a página 107).

Crescendo cada vez mais

Embora o universo esteja se expandindo, a gravidade une a matéria. Isso indicaria que a expansão do universo é limitada. Einstein já propusera um mecanismo (ele o chamou de constante cosmológica) para impedir que o universo entrasse em colapso sob o efeito da gravidade. Depois das observações de Hubble (ver as páginas 170 e 171), ficou claro que a expansão tinha energia suficiente para se manter por algum tempo. Então, em 1998, o telescópio espacial Hubble, batizado em homenagem ao grande astrônomo, enviou um resultado surpreendente. Longe de se desacelerar, a expansão do universo é cada vez mais rápida. Duas equipes de astrônomos que investigavam a luz de uma supernova distante descobriram que ela estava mais longe do que deveria estar se a expansão do universo estivesse se desacelerando.

Há várias explicações para esse achado, uma delas que a teoria de Einstein está errada. Mas a teoria preferida atualmente é que o espaço está sendo esticado por uma força misteriosa chamada "energia escura". Einstein conjeturou que o

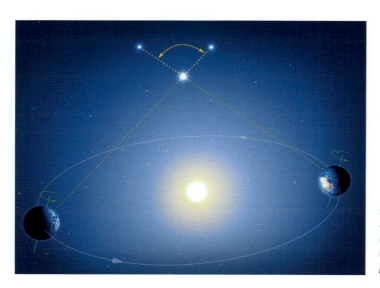

Quando se tiram medidas na Terra com seis meses de diferença, o movimento do planeta pode ser aproveitado para medir a paralaxe.

188

O FIM DE TUDO

PARALAXE E PARSECS

Para medir a paralaxe de uma estrela, é necessário fazer observações em pontos muito separados. As observações podem ser feitas em posições diferentes na Terra ou na mesma posição mas em épocas do ano diferentes (quando é a própria Terra que muda de posição).

Os astrônomos medem a distância das estrelas em parsecs, que é 1 dividido pelo o ângulo de paralaxe em segundos de arco. Como há 60 segundos de arco num minuto de arco e 60 minutos de arco num grau, um segundo de arco é $1/_{3.600}$ de grau. O ângulo de paralaxe das estrelas é pequeníssimo; Proxima Centauri, a estrela mais próxima, tem um ângulo de paralaxe de apenas 0,772 de segundo de arco. Portanto, a distância até Proxima Centauri é de $1/_{0,772}$ = 1,30 parsecs. Um parsec corresponde a cerca de 3,26 anos-luz.

---

espaço vazio não é cheio de nada; ele poderia possuir uma energia própria. Além disso, mais espaço pode simplesmente começar a existir, trazendo consigo energia escura; a quantidade de energia escura continuará aumentando, forçando ainda mais o ritmo da expansão.

O que sabemos é pouquíssimo

Ninguém sabe exatamente o que é a energia escura, mas ela é abundante. Os números liberados pela NASA no começo do século XXI indicam que a energia escura forma cerca de 68% do universo. Outros 27%, mais ou menos, são matéria escura — matéria que não podemos ver e que pode não ser matéria "normal". Isso deixa apenas uns 5% para a matéria e a energia que conhecemos. Há muita coisa que não sabemos!

O fim de tudo

Onde toda essa expansão acabará? Se o universo tiver começo, é natural perguntar se terá fim. Algumas cosmologias míticas produzem fins apocalípticos ou reciclam o universo para formar outro; mais uma vez, as cosmologias científicas vão atrás.

Big Bang, Crunch

O universo oscilante se expande e depois se contrai. Esse foi o modelo preferido de Einstein depois que a descoberta de Hubble tornou seu modelo original insustentável. Uma versão atualizada do modelo foi publicada em 2002 por Paul Steinhardt e Neil Turok e chamado de modelo ecpirótico, segundo a teoria dos estoicos de um universo intermitentemente engolido

---

ATÉ ONDE PODEMOS VER — E MAIS ALÉM

As estimativas atuais indicam que o universo observável é uma esfera com 93 bilhões de anos-luz (28,5 gigaparsecs) de diâmetro. A esfera está centrada na Terra, já que podemos ver igualmente em todas as direções. Mas isso não significa que o universo inteiro se limite a 93 bilhões de anos-luz de diâmetro e, com certeza, não significa que estejamos no centro do universo. E o tamanho do universo não é estável, já que ele ainda se expande.

A REFEITURA DO UNIVERSO

pelo fogo (do grego *ekpurōsis*, conflagração). O modelo propõe uma sequência de "quiques": Big Bang — expansão — contração — Big Crunch (Grande Colapso) — Big Bang. Essa sequência se repete infinitamente e evita a pergunta "o que existia antes?", já que não há "antes" num ciclo perpétuo.

Como sabemos que o universo está se expandindo, ele pode alternar entre expansão e contração ou pode continuar a se expandir. Se continuar se expandindo, essa expansão pode acabar se desacelerando e parando ou continuar até o universo virar um deserto vasto e frio de partículas imensamente separadas. Finalmente, até as menores partículas serão dilaceradas. Outra possibilidade, chamada de Big Rip ou Grande Ruptura, é que a expansão vai se acelerar até que romper o universo. A previsão mais recente dessa possibilidade, publicada em 2012 pelos astrônomos chineses Zhang Xin e Li Miao, é que poderia acontecer já daqui a 16,7 bilhões de anos (embora 103 bilhões de anos seja mais provável).

Outros mundos, outros universos

Aristóteles acreditava que o mundo era único; seria impossível existir outro. Todos os quatro elementos só existiam na esfera sublunar (a área dentro da órbita da Lua, incluindo a Terra). A Bíblia também parece indicar que a Terra é uma criação única. Mas a possibilidade de outros mundos é antiquíssima. Em 1277, quando a Igreja Católica publicou sua lista de Condenações — ideias proibidas —, uma das opiniões que poderiam provocar excomunhão era que Deus *não* poderia fazer outros mundos. Aceitava-se que provavelmente não os fizera, mas sugerir que não podia fazê-los se quisesse não era permitido.

O filósofo chinês Deng Mu (1247-1306) propôs não só outros mundos como outros céus. No século XX, alguns cientistas propuseram outros universos. O multiverso — coleção de universos alternativos postulados — nem é claramente uma teo-

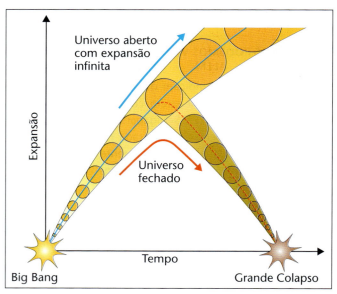

O Big Bang poderia provocar uma expansão contínua e eterna ou revertê-la após certo ponto e resultar num grande colapso ou "Big Crunch".

OUTROS MUNDOS, OUTROS UNIVERSOS

Concepção artística do Telescópio Gigante de Magalhães, que ficará no deserto do Atacama, uns 115 km ao norte de La Serena, no Chile. Supertelescópios como esse poderiam fornecer mais informações sobre o nascimento do universo e a possível existência de vida em outros lugares.

ria, muito menos uma coisa definida. Embora alguns astrofísicos respeitados, como Stephen Hawking, apoiem a teoria, outros afirmam que é mais uma ideia filosófica do que uma teoria. Uma teoria científica tem de ser refutável (pode-se provar que esteja errada com experiências ou observações), mas é difícil ver como provar que o multiverso não existe.

> *"O céu e a terra são grandes, mas no todo do espaço vazio não passam de um grãozinho de arroz. [...]. Como seria insensato supor que, além do céu e da terra que podemos ver, não houvesse outros céus e outras terras!"*
>
> Deng Mu,
> *O alaúde de Bo Ya,* século XIII

Em 1952, o físico quântico alemão Erwin Schrödinger (1887-1961) disse que as equações que formulou não mostravam alternativas possíveis de uma história, mas todas as histórias acontecendo ao mesmo tempo. Essa é a primeira sugestão da teoria do multiverso, formulada em 1957 pelo físico americano Hugh Everett III (1930-1982) e geralmente conhecida como a interpretação de "muitos mundos" da teoria quântica. Em essência, ela propõe que todas as histórias possíveis são verdadeiras; assim, tudo o que poderia ter acontecido aconteceu, numa série infinita de universos alternativos. Apropriadamente, hoje há muitas versões da teoria do multiverso. Mas elas pertencem mais propriamente à teoria quântica do que à astronomia.

191

CAPÍTULO 8

A fronteira
FINAL

"Temos, portanto, de admitir muitas e muitas vezes que, em outra parte, há outras reuniões de matéria como esta [...] [e] em outras partes do universo há outros mundos e diferentes raças de homens e animais selvagens."

Lucrécio,
Da Natureza, século I a.C.

Depois de deslocados de nossa valiosa posição de centro do universo e da criação, talvez seja natural começarmos a nos perguntar o que ou quem pode estar dividindo o universo conosco. Um dos ramos mais novos da astronomia é a astrobiologia — o estudo de como a vida evoluiu e sua possível existência em outros pontos do universo.

O Allen Telescope Array, criado por Paul Allen, um dos fundadores da Microsoft, consiste de um grande número de pequenas antenas discoidais projetadas especificamente para ajudar na busca de mensagens que indiquem inteligência extraterrestre.

A FRONTEIRA FINAL

Pergunta: "Tem alguém aí?"

A ideia de que pode haver outros seres em algum lugar do espaço, em nosso sistema solar ou mais longe, não tem nada de novo. Lucrécio escreveu sobre a possibilidade no século I a.C. Giordano Bruno propôs, entre outras heresias incendiárias, que o universo é infinito e contém um número infinito de outros mundos que são lares de outros seres inteligentes. Não se sabe se foi isso que levou a Igreja a queimá-lo por heresia em 1600, já que o arquivo relativo a seu julgamento e execução sumiu dos arquivos, mas provavelmente agravou a situação.

Oitenta e seis anos depois da execução de Bruno, Bernard le Bovier de Fontenelle publicou *Entrétiens sur la pluralité des mondes* (Conversas sobre a pluralidade dos mundos). Foi escrito em francês e traduzido para o inglês no ano seguinte; o autor não teve nenhum dos problemas que Bruno enfrentou apenas um século antes. Daí para a frente, vários autores de textos científicos e ficcionais consideraram a possibilidade de vida extraterrestre. Quando Giovanni Schiaparelli afirmou ter descoberto canais em Marte, o público logo começou a especular sobre a possibilidade de vida no planeta vermelho, com base em que, se tinham construído canais, os alienígenas deveriam ter tecnologia e, portanto, ser inteligentes. Percival Lowell dedicou sua fortuna pessoal a investigar Marte (ver a página 135).

Entre os defensores entusiásticos da busca de inteligência alienígena estão os astrônomos americanos Carl Sagan (1934-1996) e Frank Drake (n. 1930) Drake também foi responsável por conceber a Equação de Drake, uma fórmula para calcular

> "O universo tem dez milhões de milhões de milhões de sóis (10 seguido por 18 zeros) semelhantes ao nosso. Um em um milhão tem planetas em torno dele. Somente um em um milhão de milhões tem a combinação correta de substâncias químicas, temperatura, água, dias e noites para sustentar vida planetária como a conhecemos. Esse cálculo chega a uma estimativa de cem milhões de mundos onde a vida foi forjada pela evolução."
>
> Howard Shapley,
> professor de Astronomia da
> Universidade Harvard, 1959

Giordano Bruno tinha muitas crenças heréticas, entre elas a de que poderia haver um número infinito de mundos habitados além do nosso.

"CADÊ TODO MUNDO?"

A EQUAÇÃO DE DRAKE

A equação de Drake é:

$$N = R_* \times f_p \times n_e \times f_l \times f_i \times f_c \times L$$

N – o número de civilizações em nossa galáxia com as quais a comunicação talvez fosse possível

R. – taxa média anual de formação de estrelas em nossa galáxia

f_p – fração dessas estrelas que têm planetas

n_e – número médio de planetas que podem sustentar a vida por estrela que tenha planetas

f_l – fração desses planetas onde a vida realmente se desenvolve em algum momento

f_i – fração desses planetas onde vida inteligente se desenvolve

f_c – fração das civilizações com tecnologia para enviar ao espaço sinais perceptíveis de sua existência

L – tempo em que essa civilização libera no espaço sinais perceptíveis

Pouquíssimas variáveis podiam ser quantificadas quando Drake escreveu a equação em 1961. Dados mais recentes indicam que a taxa de formação de estrelas na Via Láctea é de cerca de sete por ano, que a maioria das estrelas tem planetas (portanto, a fração é próxima de 1) e que cerca de um quinto das estrelas tem planetas na zona habitável — embora em si isso não signifique que possam sustentar a vida. As outras variáveis continuam não quantificáveis.

a probabilidade de comunicação por rádio com alienígenas (ver o quadro acima). Embora hoje seja possível preencher mais valores do que na época em que Drake formulou a equação, ainda há muitas incógnitas. Dependendo dos valores usados nas variáveis desconhecidas, o número de civilizações alienígenas inteligentes atualmente capazes de comunicação interestelar fica entre zero e muitos milhões.

"Cadê todo mundo?"

A primeira proposta de entrar em contato com vida alienígena foi feita por Friedrich Gauss em 1802. Ele propôs que os seres humanos fizessem sinais para os seres de Marte desenhando símbolos gigantes na neve da Sibéria. A ideia não foi posta em prática. Mas, durante o século XX, encontrar vida alienígena ou se comunicar com ela começou a parecer factível. O tema passou a ser tratado com seriedade depois que o matemático e físico Enrico Fermi fez uma pergunta inocente durante um almoço em 1950: "Cadê todo mundo?" Dado que há tantas estrelas, muitas provavelmente com planetas, por que ainda não encontramos alienígenas? Esse passou a ser o Paradoxo de Fermi.

A pergunta de Fermi levou ao programa Search for Extra-Terrestrial Intelligence (SETI, busca de inteligência extraterrestre), criado formalmente pela NASA em 1971. O Instituto SETI foi

A MENSAGEM *WOW!*

Em 1977, Jerry Ehman, pesquisador do SETI, estudava dados do radiotelescópio Big Ear, da Universidade do Estado de Ohio encontrou uma sequência que mostrava um sinal na frequência das emissões de hidrogênio que ficava subitamente forte e depois sumia de novo. O sinal durou 72 segundos. Ehman fez um risco em torno dele na folha impressa e, em vermelho, escreveu ao lado "Wow!" Se o sinal foi enviado por alienígenas, faria sentido estar na mesma frequência do hidrogênio — é uma parte do espectro onde qualquer civilização procuraria um contato. O sinal nunca mais foi visto.

Até hoje não há explicação convincente para ele. Alguns astrônomos ainda acreditam que o sinal Wow! pode ter vindo de uma civilização extraterrestre. Outros dizem que, se assim fosse, seria de esperar a repetição do sinal — mas nós, terráqueos, nunca repetimos a mensagem de Arecibo, portanto nem sempre isso é verdade.

---

fundado em 1984 como organização separada e sem fins lucrativos. O objetivo do projeto SETI é usar radiotelescópios para examinar o céu atrás de sinais do espaço exterior e procurar qualquer coisa que possa ser uma comunicação deliberada ou um indício de transmissão de alguma civilização inteligente. Até agora, somente uma possível mensagem foi recebida (ver quadro acima). Embora seja mais provável que haja vida alienígena microbiana, pelo menos em abundância, seria mais difícil achá-la à distância do que uma civilização que use radiação eletromagnética para se comunicar.

Escutar e falar (com alienígenas)

A comunicação é um processo de mão dupla. Também enviamos mensagens ao espaço para possíveis olhos e ouvidos alienígenas, mas com muito menos método e rigor. A primeira foi a mensagem de Arecibo, enviada em 1974 por um transmissor do radiotelescópio de Arecibo, em Porto Rico. Era uma simples mensagem pictórica de 73 linhas, cada uma com 23

"CADÊ TODO MUNDO?"

caracteres (1/0). Como 73 e 23 são números primos (só divisíveis por 1 e por si mesmos), isso deveria mostrar a quem o recebesse que o sinal é deliberado e merece atenção. A mensagem foi transmitida diretamente para o aglomerado de estrelas M13, que contém cerca de um terço de milhão de estrelas. No entanto, M13 fica na borda da Via Láctea, a 21.000 anos-luz de distância, e precisaríamos aguardar 42.000 anos por uma resposta.

Outras mensagens foram enviadas a estrelas muito mais próximas, entre 17 e 69 anos-luz de distância. A primeira a che-

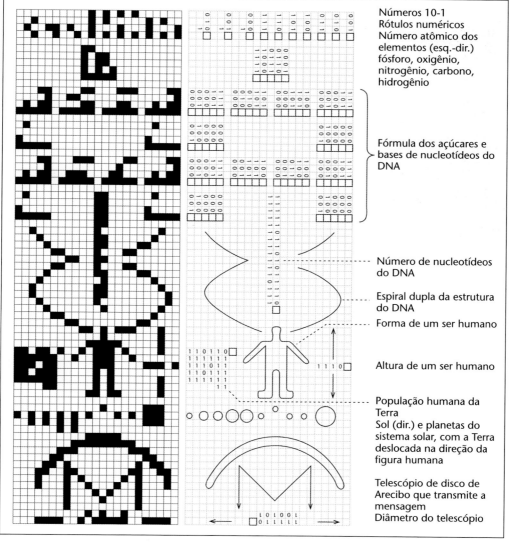

A mensagem de Arecibo inclui o número atômico de elementos fundamentais, informações moleculares sobre o DNA e imagens simples de uma forma humana e do telescópio que enviou a mensagem.

197

A FRONTEIRA FINAL

CONTATO?

O filme *Contato* (1997), baseado num romance de 1985 de Carl Sagan, parte da premissa de que a primeira transmissão de TV com sinal forte a ponto de vazar para o espaço foi captada por alienígenas de um planeta que orbitava a estrela Vega, localizada a 26 anos-luz da Terra. Era a abertura dos Jogos Olímpicos de Berlim de 1936.

A Terra vaza radiação eletromagnética o tempo todo desde as primeiras transmissões de rádio e TV com potência suficiente para atravessar a ionosfera do planeta. Mas elas não se dirigem a nenhum alvo e, como as ondinhas provocadas pela pedra jogada numa poça, ficam cada vez mais fracas quando se espalham em todas as direções. As transmissões digitais mais novas têm menos energia e terão alcance interestelar ainda menor. Não há muita probabilidade de um alienígena perto de Vega vir visitar as Olimpíadas de Berlim.

gar ao destino será a mensagem RuBisCo Stars, que deve chegar à estrela Teegarden em 2021. Ela contém a sequência do DNA da proteína RuBisCo, responsável pela fotossíntese em plantas verdes. A fotossíntese é a suprema fonte de energia de toda a vida na Terra.

Nem todas as mensagens enviadas a possíveis culturas alienígenas foram tão inteligentes. Entre elas, há algumas mensagens do Twitter, uma música dos Beatles e um anúncio de Doritos.

No vácuo

Embora seja relativamente fácil transmitir mensagens de rádio para o espaço, é impossível saber se uma inteligência alienígena entenderia a mensagem. Para facilitar esse entendimento, há todo um campo de pesquisa dedicado a criar um código facílimo de decifrar — o contrário da criptografia. Uma solução é enviar uma mensagem que sirva de alerta ou de boas-vindas antes da mensagem propriamente dita.

"CADÊ TODO MUNDO?"

Outra é mandar uma mensagem física para o espaço. O objeto em si serve de aviso, mas a mensagem ainda precisa ser compreensível (o uso de figuras pode ajudar). Mas é semelhante a lançar uma mensagem ao mar dentro de uma garrafa; só será encontrada se uma inteligência alienígena achar a espaçonave que leva a mensagem. O primeiro desses projetos foi uma placa presa às sondas espaciais Pioneer 10 e 11, lançadas respectivamente em 1972 e 1973. O segundo foi o Disco de Ouro (Golden Record), que acompanhou as duas espaçonaves Voyager em 1977. Todas seguem para o espaço além do sistema solar e continuarão avançando, a menos que sejam destruídas.

Cada sonda Pioneer leva no lado de fora uma placa projetada para olhos alienígenas, que mostra figuras humanas nuas, masculina e feminina, a configuração de uma molécula de hidrogênio, a posição da Terra no sistema solar e a posição do Sol em relação a 14 pulsares e ao centro da Via Láctea. O contato com a Pioneer 10 se perdeu em 2003, a uma distância de 80 UA (132.000 km) da Terra.

As duas Voyager ainda estão em contato com a Terra; atualmente, suas mensagens levam 17 horas para chegar.

Ambas levam um exemplar do Disco de Ouro e um instrumento para tocá-lo. O disco contém 115 imagens da Terra, gravações de sons naturais como vento, trovão, ondas do mar, canto de pássaros e de baleias, música de diversas épocas e lugares e saudações em 55 idiomas, inclusive em acádio, língua falada pela última vez quatro mil anos atrás. Algumas mensagens são bastante afetuosas:

"Esperamos que todos estejam bem. Pensamos em todos vocês. Por favor, venham nos visitar quando tiverem tempo." (chinês mandarim)

"Olá a todos. Que sejamos felizes aqui e vocês, felizes aí." (rajastani)

O Disco de Ouro é visível no lado de fora da Voyager. O lado externo estará 98% intato daqui a dez mil anos, e o lado interno deve durar um bilhão de anos.

A FRONTEIRA FINAL

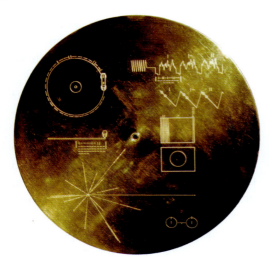

O lado externo do Disco de Ouro tem instruções para que os alienígenas o toquem e mostra como seria a primeira tela (um círculo numa tela retangular). A forma estrelada embaixo mostra a posição do Sol em relação a 14 pulsares.

"Caros amigos falantes de turco, que a honra da manhã esteja sobre sua cabeça." (Quem diria que os alienígenas falam turco?)

Mas algumas são bem alarmantes:

"Amigos do espaço, como estão? Já comeram? Venham nos visitar se tiverem tempo." (amoy, um dialeto min)

O disco também contém um diagrama mostrando a localização do Sol, o que ajudará qualquer extraterrestre faminto a achar a mesa do jantar. O Disco de Ouro vai com uma agulha e instruções para tocá-lo que qualquer civilização avançada deveria ser capaz de decifrar.

Uma amostra de urânio-238, com meia-vida de 4,51 bilhões de anos, ajudará os alienígenas a calcular quando a Voyager foi feita; medir quanto dela ainda resta lhes dirá há quanto tempo a nave foi lançada (a menos que esteja toda extinta, é claro).

Hoje, a Voyager 1 é o objeto mais remoto feito por seres humanos e já está a mais de 124 UA (18 bilhões de quilômetros) da Terra. Ela segue para o espaço interestelar fora do sistema solar com velocidade de 61.350 km/h. Se a Voyager 1 seguisse para a estrela mais próxima (mas não segue), levaria 73.775 anos para chegar lá. A próxima estrela da qual se aproximará é a AC+79 3888, mas passará a 1,6 anos-luz. A Voyager 2 passará a 4,3 anos-luz de Sírius, a estrela mais brilhante do céu — mas só daqui a 296.000 anos.

Alguns cientistas importantes questionaram publicamente a sensatez de mandar mensagens ao espaço avisando de nossa presença. Stephen Hawking sugeriu que isso pode chamar a atenção de alienígenas que nos atacariam, tirariam o patrimônio

> *"Olhe de novo aquele ponto. É aqui. É nossa casa. Somos nós. Nele, todo mundo que você ama, que você conhece, de quem já ouviu falar, todos os seres humanos que já existiram passaram a vida. O agregado de nossas alegrias e sofrimentos, milhares de doutrinas econômicas, ideologias e religiões confiantes, todo caçador e todo coletor, todo herói e todo covarde, todo criador e todo destruidor de civilização, todo rei e todo camponês, todo jovem casal apaixonado, todo pai e mãe, filho esperançoso, inventor e explorador, todo professor de moral, todo político corrupto, todo "superastro", todo "líder supremo", todo santo e todo pecador da história de nossa espécie morou ali — numa partícula de pó suspensa num raio de sol."*
>
> Carl Sagan, 1994

UM LUGAR PARA VIVER

COMO ACHAR UM EXOPLANETA

Há várias maneiras de encontrar um exoplaneta, mas eles são pequenos, escuros e distantes demais para serem vistos diretamente, mesmo com telescópios superpoderosos. Em vez disso, os astrônomos procuram sinais reveladores de que uma estrela tem planetas. Os planetas tem vários modos de se revelar.

- Quando passa na frente de uma estrela, o planeta bloqueia brevemente sua luz, fazendo com que ela pareça mais escura na duração do trânsito.
- Os planetas podem fazer a estrela "cambalear" levemente. Como a gravidade do planeta afeta a estrela, todo o sistema estrela-planeta se desloca de um lado para o outro enquanto o planeta orbita a estrela.
- Os planetas também agem como um freio da estrela, desacelerando sua rotação. Quando uma estrela de tamanho e composição conhecidos gira mais devagar do que o esperado, desconfia-se de planetas.
- O exoplaneta mais jovem conhecido, com apenas um milhão de anos de idade, orbita uma estrela chamada Coku Tau 4. Ele foi revelado por uma falha no disco de pó que circunda a estrela; a lacuna é feita pelo planeta, que, enquanto se forma, atrai matéria para si com a gravidade.

Conhecido como o "ponto azul-claro", esta foto foi tirada pela Voyager a pedido de Carl Sagan quando o artefato estava a seis bilhões de quilômetros da Terra.

de nosso planeta ou agiriam de maneira inamistosa. Ainda assim, ele admite que não deixaremos de olhar e esperar.

Um lugar para viver

Mas olhar para onde? Se há alienígenas por aí, eles moram em algum lugar, provavelmente em planetas meio parecidos com o nosso em vez de, digamos, gigantes gasosos. O modo de procurar vida alienígena que não seja avançada a ponto de enviar mensagens pelo rádio é encontrar os planetas onde talvez habitem. A busca de exoplanetas — planetas fora de nosso sistema solar — começou a sério na década de 1990.

Esses infinitos mundos

O primeiro exoplaneta foi descoberto em 1992 orbitando o pulsar PSR B1257+12. Pulsares são remanescentes de estrelas que chegaram ao fim da vida (ver a página

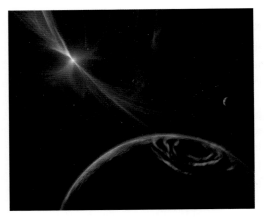

PSR B1257+12 A, B e C são três planetas que orbitam o pulsar B1257+12. Em 2015, foram rebatizados como Draugr, Poltergeist e Phobetor. O pulsar gira uma vez a cada 6,22 milissegundos (9.650 rotações por minuto).

164). É relativamente improvável que esse planeta abrigue vida. O primeiro exoplaneta a orbitar uma estrela na sequência principal foi confirmado em 1995. Chamado de 51 Pegasi b, ele orbita sua estrela a cada quatro dias e fica a pouco mais de 50 anos-luz do sistema solar. Desde então, cerca de 3.500 exoplanetas foram encontrados e confirmados, com outros milhares marcados para investigação, mas ainda não confirmados. A maioria foi achada pelo telescópio espacial Kepler, lançado em 2009 para monitorar e fotografar constantemente 145.000 estrelas na sequência principal, num campo de visão fixo.

A zona Cachinhos Dourados e outros fatores

Os alienígenas não vão morar em qualquer lugar. Há determinadas condições que, segundo os astrobiólogos, a vida provavelmente exige, como temperaturas dentro de uma certa faixa e a presença de água líquida. Isso elimina muitas das centenas de bilhões de planetas que provavelmente existem no universo. A ideia de que há uma zona em torno de algumas estrelas onde os planetas capazes de sustentar vida se encontrariam surgiu em 1953, com o trabalho de Harlow Shapley e, de modo independente, do fisiologista Hubertus Strughold (1898-1986). Ambos insistiram na necessidade de água para haver vida. O astrofísico sino-americano Su-Shu Huang (1915-77) criou em 1959 a expressão "zona habitável" e estudou o tipo de estrela e de planeta que poderia oferecer ambientes habitáveis. O conceito foi aperfeiçoado na década de 1960, e na década de 1970 surgiu a expressão "zona Cachinhos Dourados" para descrever a zona em torno de uma estrela onde se podem encontrar planetas que estão "certos" em termos de temperatura. Em 2013, propôs-se um modelo de zona habitável circumplanetária para incluir a área em que as luas poderiam abrigar vida. Em 2000, o paleontólogo americano Peter Ward (n. 1949) e o astrônomo David Brownlee (n. 1943) ampliaram o conceito de zona habitável para as galáxias e definiram uma área que não é nem central demais nem distante demais do centro da galáxia como aquela onde as estrelas podem ter planetas que sustentem a vida. Sua tese da "Terra rara" defende que, na verdade, a vida avançada é raríssima no universo e talvez até exclusiva da Terra.

O sucesso seguinte

É claro que também pode haver vida extraterrestre dentro do sistema solar. Agora a NASA prioriza a busca de indícios de vida em suas missões em Marte. Algumas

> "Acreditamos que a vida surgiu espontaneamente na Terra; portanto, num universo infinito, tem de haver outras ocorrências de vida. Em algum lugar do cosmo, talvez vida inteligente esteja observando essas luzes nossas sabendo o que significam. Ou será que nossas luzes perambulam por um cosmo sem vida, faróis que anunciam sem serem vistos que aqui numa pedra o universo descobriu sua existência? Seja como for, não há pergunta melhor. [...]Estamos vivos. Somos inteligentes. Temos de saber."
>
> Stephen Hawking, 2015

luas dos gigantes gasosos, como Encélado, satélite de Saturno, com seu vasto oceano sob a superfície, também são possíveis candidatas a abrigar formas simples de vida. Encontrar até as mais simples formas de vida em outro planeta ou satélite no sistema solar ou fora dele nos forçaria a reavaliar nossa posição no universo. O impacto social, psicológico e espiritual, além do científico, seria imenso, e uma mudança de paradigma pelo menos tão grande quanto a descoberta de que há outros mundos, outros sistemas solares, outras galáxias.

Um planeta como a Terra, localizado na zona habitável de uma estrela, não seria quente nem frio demais para que haja água líquida. É em lugares assim que devemos procurar vida alienígena.

ÍNDICE REMISSIVO

A

Adams, John Couch 132-3
Æquatorium astronomicum (Schoner) 79
Aécio de Antioquia 113
aglomerado de Brocchi 162
al-Balkhi, Abu Ma'shar 60
al-Battani 77
al-Haytham, Ibn 79
al-Karismi 32
al-Kashi 78
al-Khujandi, Abu-Mahmud 78
al-Mawarzi, Habash al-Hasib 108
al-Razi, Fakhr al-Din 173
al-Shatir, Ibn 53, 55
al-Sijzi, Abu Sa'id 51
al-Sufi, Abd al-Rahman 155-6, 162
al-Zarqali 78
Aldiss, Brian 94
Aldrin, Buzz 95
Allen, Paul 193
Almagesto (Ptolomeu) 50, 154-5
Anais da primavera e do verão do mestre Li 40
Anaxágoras 102, 107, 112, 115, 139, 182
Anaximandro 42-3, 70
Andrômeda 155, 162-3, 171
Apian, Peter 144-5, 146
Apolo XI 94, 108
Apolônio de Perga 48, 75
astrônomos árabes
    cosmologia 51-2, 77
    e a Terra 100
    ferramentas astronômicas 75, 76-7, 78, 79
Arato 154
Arquelau 99
Arquimedes 187
Aristarco de Samos 46, 52-3, 108-9, 113-14, 115, 187
Aristóteles
    e cosmologia 44, 45, 46-8, 51, 52
    sobre a Terra 99, 101
Armstrong, Neil 94
Ariabata 44, 60, 101, 103
Asimov, Isaac 93
astrolábios 51, 75-6, 78
astrologia 22, 23-31
astronomia
    mesopotâmica 20-6, 35
    na China antiga 21, 23, 27-32
    no Egito antigo 24-5, 31, 35
    na Grécia antiga 34-5
    na Mesoamérica 19, 26, 32
    na Pré-história 10-20
Astronomia nova (Kepler) 61, 62

B

Astronomicum Cæaesareum (Apiano) *144*
Atlas de Seda dos Cometas 29, 30
Atlas of Representative Stellar Spectra (Huggins e Huggins) 167

Babinet, Jacques 136
Bachelard, Gaston 56
Bayer, Johann 156, 157
Becquerel, Henri 119
Beg, Ulugh 77, 78, 156
Benedetti, Giambattista 56
Bessel, Friedrich 188
Bethe, Hans 121
Bevis, John 164
Big Bang, teoria 184-5, 189-90
Big Crunch *ver* Grande Colapso, teoria
Big Rip *ver* Grande Ruptura, teoria
Bode, Johann 131
Bonner Durchmusterung 158
Boscovich, Roger 106
Bouvard, Alexis 132-3
Brahe, Tycho
    e cometas 144
    e cosmologia 52, 57-9, 61, 65
    e as estrelas 156, 158
    e Marte 133
    e supernovas 166, 183
Brown, Michael 137
Brownlee, David 202
Bruno, Giordano 56, 116, 125, 194
Bunsen, Robert 86
Buridan, Jean 54
Burke, Bernard F. 185
Burney, Venetia 136-7

C

C67P, cometa 149
calendários
    cristão 32
    islâmico 32
    lunar 14
    na China antiga 74
    na Pré-história 11-14, 16-20, 32
    solar 14
Calisto 125
Cannon, Annie Jump 160, 161
Caranguejo, nebulosa do 164-5
Cassini, Giovanni 127, 128, 134
Cassini, missão 94, 128
César, cometa 144
Chapelain, Jean 127
Charon 137
Chaucer, Geoffrey 76

China antiga
    astronomia na 21, 23, 27-32
    calendários na 74
    cosmologia na 40-1e cometas 143
    e as estrelas 156
    e a Lua 103
    e os planetas 125
    e o Sol 110, 111-12
    ferramentas astronômicas da 73, 74
cinturão de asteroides 131-2, 137
círculo de Goseck 14, 16-17
Clerke, Agnes 140
códice de Dresden *115*
Cometographia (Hevelius) 145
cometas 28-9, *30*, 57, 59, 141-9
Commentariolus (Copérnico) 54, 55
constelações 19, 27, 152, 153
Contador de areia, O (Arquimedes) 187
Contato (filme) 198
Copérnico, Nicolau
    e cosmologia 52-7, 81
    e o Sol 116
    e a Terra 101
Cosmic Background Explorer 90
cosmologia
    árabe 51-2, 77
    cristã 52, 54, 55, 57, 80-1
    definição de 38
    e Galileu Galilei 53, 66, 67
    e Johannes Kepler 58, 60-6
    e Nicolau Copérnico 52-7, 81
    e Ptolomeu 35, 48-9, 50, 52, 59, 77
    e Tycho Brahe 52, 57-9, 61, 65
    e o universo geocêntrico 44-52
    e o universo heliocêntrico 46-7, 52-7, 60-2, 67
    indiana 41, 52
    mesopotâmica 39
    na China antiga 40-1
    no Egito antigo 40
    na Grécia antiga 42-52
Cowell, Philip 146
cristianismo
    e calendários 32
    e cosmologia 52, 54, 55, 57, 80-1
    e a origem do universo 183
Crommelin, Andrew de la Cherois 108, 146
Curie, Marie 119
Curiosity 95
Curtis, Heber 170

D

Daguerre, Louis 87
Dallet, Gabriel 136
Daly, Reginald 109

ÍNDICE REMISSIVO

Darwin, George 109
Davies, Donald 109-10
De revolutionibus orbium cœoelestium (Copérnico) 54, 55, 56, 67, 81
Dee, John 56
Deep Impact 148
Deimos 135
Demócrito 44
Deng Mu 191
Descartes, René 174-5, 176, 178
Dialogo sopra i due massimi sistemi del mondo (Galileu) 81
Digges, Thomas 56, 183, 186
dioptro 70
Disco de Ouro 199-200
Dolland, John 85
Dos tamanhos e distâncias (Aristarco de Samos) 113
Drake, Frank 194-5
Drake Equation 194-5
Draper, Henry 159
Draper, John 87, 88

E
eclipse lunar 99, 111
eclipses 35, 110-13, 114, *115*
Eddington, Arthur 114, 121, 151, 181, 184
Egito antigo 24-5, 31, 35, 40
Ehman, Jerry 196
Einstein, Albert 114, 119, 179-81, 183, 184, 189
eletromagnetismo 87-91, 92
Empédocles 44, 99
Encélado 94, *95*, 203
energia escura 181, 188-9
Enûma Anu Enlil 20-1, 26
equinócios 15, 32
Eratóstenes 73, 75, 99-100
esfera armilar 73, 75, 155
espectro 86-8
espectroscópio 86
Estrela Polar 11, 18, 41, 46
estrelas fixas 10, 30
estrelas
  brilho das 158
  classificação das 158-61, 162
  composição das 161
  constelações 19, 27, 152, 153
  criação das 167-8
  distância 187-9
  e navegação 32-4
  e supernovas 163-7
  mapeamento chinês antigo 156
  mapeamento grego antigo 154-5
  mapeamento mesopotâmico 154
  movimento próprio 11

  na Pré-história 152
  nome das 156-7
  visibilidade das 152
Eudoxo de Cnido 154
Europa 125
Everett III, Hugh 191
exoplanetas 200-1

F
Farewell Fantastic Venus (Aldiss e Harrison) 94
Ferguson, Orlando 98
Fermi, Enrico 195
ficção científica 93
Filolau 45
Fischer, Irene 108
Flammarion, Camille 135
Flamsteed, John 147, 157
Fleming, Williamina 159-60
Fobos 135
Fontenelle, Bernard le Bovier de 194
fotografia 86-7, 117
Foucault, Leon 101-2
Fraunhofer, Joseph von 85-6, 120

G
Gadbury, John 142, 145
Gadoury, William 19
galáxias 171, *185*
Galilei, Galileu 80-1
  e cosmologia 53, 66, 67
  e a Lua 104-5
  e os planetas 124-7
  e o Sol 116-17
  e telescópios 79, 80, 81-2, 83
Galle, Johann Gottfried 133
Gamma Cephei 18
Gan De 125
Ganimedes 125
Gauss, Carl Friedrich 131, 195
Ge Hong 41
Geng Shou-chang 73
Gilbert, William 56, 103-4
gnômon 70
Goethe, Johann Wolfgang von 57
Grande Colapso, teoria 189-90
Grande Ruptura, teoria 190
Grécia antiga
  cosmologia na 42-52
  e as estrelas 154-5
  e a Lua 102, 107-8
  e o método científico 34-5
  e a origem do universo 182-3
  e a Terra 98-101
  e o Sol 112, 113-16
  ferramentas astronômicas na 70, 71-4, 75

Grimaldi, Francesco 105
Gruithuisen, Franz von 105
Guinand, Pierre Louis 86
Guth, Alan 185

H
Hadley, John 84
Hájek, Tadeáš 59
HALCA, missão 90
Hale-Bopp, cometa 143
Hall, Asaph 135
Halley, Edmond 112-13, 146-7, 179
Halley, cometa de 142-3, 146-8
Hansen, Peter 106
Harriot, Thomas 104, 116
Harrison, Harry 94
Hartmann, William 109-10
Harvard, calculadoras de 160, 161
Hawking, Stephen 177, 190, 200, 203
hélio 114, 120
Helmholtz, Hermann von 118
Heráclito 42, 102
Heródoto 35
Herschel, Caroline 130
Herschel, William 84-5, 88, 129-30, 131, 134-5, 163, 165, 178-9
Hertz, Heinrich 89
Hertzsprung, Ejnar 160, 161
Hertzsprung-Russell Diagram 161
Hevelius, Johannes 82, 84, 105, 127, 145
Hinduísmo
  cosmologia no 41, 52
  e a origem do universo 184
Hipácia 75
Hiparco 73, 107-8, 114, 154, 155, 158
Hoffleit, Dorrit 152
Hooke, Robert 128, 177
Hoyle, Fred 184
Hubble, Edwin 6, 170-1, 184
Hubble, telescópio espacial 91, *166*, *171*, 188
Huggins, Margaret 166-7
Huggins, William 166-7
Huygens, Christiaan 82, 116, *117*, 126, 127, 134, 187-8

I
interferometria 90
Io 125

J
Jansky, Karl 89, 90
Janssen, Pierre 120
Jing Fang 103
João Paulo II, Papa 81
Júpiter 125, *129*, 178

205

ÍNDICE REMISSIVO

equatório de *79*
luas de 53, 124-5
mancha vermelha 128, *129*

K

Kant, Immanuel 163
Keill, John 158
Kepler, Johannes 80, 126
e cinturão de asteroides 131
e cometas 145, 146
e cosmologia 58, 60-6
e Marte 134
e telescópios 82, 83
texto de ficção 93
Kepler, telescópio 91-2, 201
Keyser, Pieter Dirkszoon 157
Kirch, cometa de 147
Kirchhoff, Gustav 86
Klitabal-Zij (Al-Battani) 77
Knowth, mapa da Lua 103

L

Langren, Michael van 105
Laplace, Pierre-Simon 131, 168, 178
Lareira do Universo, modelo 45
Large Magellanic Cloud 155-6, 162, *172-3*
Lascaux, pinturas da caverna 24
Le Verrier, Urbain 133
Leavitt, Henrietta Swann 160
Leibniz, Gottfried 177
Lemaître, Georges 183-4
Leonídeas, chuva de meteoros *139*, 140-1
Leucipo 44
linhas de absorção 87
linhas de emissão 87
Livro das constelações de estrelas fixas (al--Sufi) 155, 162
Lodger, Norman 17-18, 120
Lowell, Percival 135, 136, 194
Lowell, Observatório 135, 136
Loxia Hong 40
Lua
criação da 109-10
distância da 107-8
fases da *13*, *102*, 102-3
fotografias da 87, *88*
ideias chinesas antigas 103
ideias gregas antigas 102, 107-8
mapeamento da 103-6
pousos da Apolo 95
tamanho da 108
vida na 106
Luciano of Samósata 93
Lucrécio 193, 194
Lutero, Martinho 54, 57

M

Macróbio 179
Marco Aurélio 37
marés 110
Mariner 2 94
Marte 95, 124, 128, 133-5, 194, 203
Mars 2, sonda 95
Mars 3, sonda 95
Mastlin, Michael 56, 61
Maury, Antonia 160
Maxwell, James Clerk 88-9, 127-8, 180
Mayall, Margaret 161
mecanismo de Anticítera 71-2
Meller, Harald 20
mensagem de Arecibo 196, *197*
Mercúrio 21
Mesoamérica
astronomia na 19, *26*, 32
Mesopotâmia
astronomia na 20-6, 35
cosmologia na 39
e eclipses 110-11
e as estrelas 154
ferramentas astronômicas na 70
Messier, Charles 164, 165
meteoro de Tcheliabinsk *141*
meteoros 139-41
Meyer, Johann 105-6
Missão Geodésica 101
Mnajdra 19
modelo ecpirótico 190
movimento próprio das estrelas 11
MUL.APIN 21, 154
multiversos 190-1
Mysterium cosmographicum (Kepler) 61

N

navegação 32-4
Nebra, disco do céu de 19-20
nebulosas 162-7
Negra, cometa 142
Netuno 132-3, 135-6
New Horizons, missão 137
Newton, Isaac 94, 146-7, 177
calcula velocidade de escape 94
e gravidade 146
leis do movimento 175-6
sobre a Terra 101
e telescópios 84
Novara, Domenico Maria 54

O

Observatório de Dinâmica Solar 117
observatórios 77-8
O'Keefe, John 108

Olbers, Heinrich 131, 141
Oresme, Nicole 54
Órion *12*, 13
Orion 1, observatório 91
Orthostat 47 103
Osiander, Andreas 54

P

paralaxe 107, 188, 189
Parmênides 99, 182
parsecs 189
Parsons, William 164-5
Pascal, Blaise 72
Páscoa 32
Pawsey, Joseph 90
Payne-Gaposchkin, Cecilia 120-1, 161
Payne-Scott, Ruby 90
Penzias, Arno 185
período sinódico 21
Perry, John 119
Perseidas, chuva de meteoros 141
Philae 147
Piazzi, Giuseppe 131
Pickering, Edward 159, 160, 161
Pickering, William Henry 136
Pioneer, sondas 198-9
Pitágoras 45, 99
Planeta X 136, 137
planetas *ver também* nomes individuais
definição de 137
e Galileu 124-7
e Johannes Kepler 58, 60-6
exoplanetas 201
movimento dos 46, 48-67, 77
na Pré-história 10
nascimento e ocaso 21
Platão 9
Plínio, o Velho 46
Plutarco 46, 103
Plutão 135-7, 139
Pogson, Norman 158
Polaris 11, 18
polinésios 33
polos celestes *12*
Pouillet, Claude 119
Pratchett, Terry 41
precessão axial 18, 154
pré-história
astronomia na 10-20
calendários na 11-14, 16-20
e as estrelas 152
Principia (Newton) 175, 176, 177
Proclo 78
Ptolomeu 22, 72
e cosmologia 35, 48-9, 50, 52, 59, 77
e as estrelas 154-5, 158

206

ÍNDICE REMISSIVO

e ferramentas astronômicas 75
e nebulosas 162
pulsares 164

Q
Qi Meng 41
quadrantes 78
Qushji, Ali 78

R
radiotelescópios 89-90
Reber, Grote 89-90
Recorde, Robert 56
Reissig, Kornelius 152
Riccioli, Giovanni 105
Richer, Jean 128
Rigveda 184
Ritter, Johann 88
Röntgen, Wilhelm 89
Rosetta, missão 147
RuBisCo Stars, mensagem 197
Rue, Warren de la 117
Russell, Henry Norris 120-1, 161

S
Sagan, Carl 93, 194, 198, 200, 201
Salyut 1 91
Samarcanda 77-8, 156
Saros, ciclo de 112
Sarpi, Paolo 79
Saturno 94, 125-8, 178
Scheiner, Christoph 82
Schiaparelli, Giovanni 135, 141, 194
Schoner, Johannes 79
Schrodinger, Erwin 191
Schroter, Johann 106
Secchi, Angelo 159
Sedna 137
Selenographia (Hevelius) 105
Seleuco de Selêucia 46, 110
Sêneca 46
SETI (Search for Extra-Terrestrial
     Intelligence) 195-6
sextantes 78
Shapley, Harlow 169-70, 202
Shi Shen 156
Sidereus nuncius (Galileu) 80
Sima Qian 156
Sina, Ibn 30
Sírius 31, 179, 187-8
Sitchin, Zecharia 138
Sobre a face no orbe da Lua (Plutarco) 103
Sociedade Astronômica Unida 131
Sojourner 95
Sol
     calendário solar 14
     composição do 114-16, 118-21

distância do *113-14, 115*
e eclipses 110-13
e o universo heliocêntrico 46-7,
     52-7, 60-2, 67
ideias chinesas antigas 110, 111-12
ideias gregas antigas 112, 113-16
na Pré-história 11
observação do 116-17
tamanho do 114
solstícios 15, 35
Somayaji, Nilakantha 52
sondas espaciais 93-5
Spitzer Space Telescope 90
Stardust, missão 148
Sidereus nuncius (Galileu) 124
Steinhardt, Paul 189-90
Stonehenge 17, 18
Strughold, Hubertus 202
Su-Shu Huang 202
Suetônio, Gálio 144
supernovas 163-7, 183
Swift-Tuttle, cometa 141

T
tabelas alfonsinas 65
tabelas rudolfinas 65
Taqi ad-Din 77
telescópio aéreo 84
telescópio Allen *192-3*
Telescópio Gigante de Magalhães *191*
Telescópio de Uma Milha 90
telescópios 78, 79, 80, 81-2, 83, 84-5,
     91-2
     e a Lua 104-5
     e o Sol 116-17
     espaciais 90, 91-2
     refletores 83, 84-5
     refratores 83, 85-6
Tempel-Tuttle, cometa 141, 148
Teoria Geral da Relatividade 114,
     180-1
Terra
     forma da 98-9
     ideias árabes 100
     ideias gregas antigas 98-101
     rotação da 101-2
     tamanho da 99-100
Tales de Mileto 34-5, 112, 113
Theia 110
Thompson, William 118-19
'Três estrelas cada', catálogos 21, 154
Titã 94, 128
Titus, Johann 131
Tombaugh, Clyde 136-7
Treatise on the Astrolabe (Chaucer) 76
Tritão 133
Tsiolkovski, Konstantin 69

Turok, Neil 190

U
universo
     e a teoria do Big Bang 184-5
     expansão do 183-5
     fim do 189-90
     geocêntrico 44-52, 80
     heliocêntrico 46-7, 52-7, 60-2, 67,
          80-1
     origem do 182-3, 184-5
     tamanho do 185-9
Uranometria Omnium (Bayer) *156*
Urano 85, 129-30, 132-3
Urbano VIII, Papa 81
Usher, James 118

V
Vega 11, 87, 159
Venera, sondas 94, 95
Vênus 21, 94, 95
Verne, Júlio 93
Very Large Array (VLA), radioteles-
     cópios 90
Very Large Baseline Array (VLBA) 90
Via Láctea 163, 169, 170-1, 187
vida alienígena 194-200, 202-3
vida extraterrestre 194-200, 202-3
Villard, Paul 89
Voyager, sondas 198-200

W
Ward, Peter 202
Warren Field 12-14, 16
Whipple, Fred 146, 148
Wild-2, cometa 148, 149
Wilson, Robert 185
Wren, Christopher 127
Wright, Thomas 163

X
Xenófanes 97
Xi Zezong 125
Xuan Ye, tradição de 41

Y
Yajnavalkya 123
Young, Charles A. 117

Z
Zach, barão Franz Xaver von 131
Zempoala *26*
Zhang Heng 40-1, 73, 74, 1 56
Zhang Xin 190
Zij-i Sultani (Beg) 78, 156
zodíacos 24-6
"Zona Cachinhos Dourados" 202

CRÉDITO DAS IMAGENS

Fizemos todo o esforço para entrar em contato com os detentores do copyright das imagens usadas neste livro. As omissões serão corrigidas em edições futuras.

Bridgeman Images: 22 (Tablete astronômico de Kish que registra o nascer e o pôr de Vênus desde os seis primeiros anos do reinado do rei da Babilônia, século VII, argila gravada), Babylonian/Ashmolean Museum, University of Oxford); 67 (*Julgamento de Galileu*, 1633, óleo sobre tela, detalhe de 2344, Escola Italiana, século XVII/Coleção particular); 116 (Apolo-Hélio conduzindo o carro do Sol, 1517-1518, afresco, Peruzzi, Baldassarre, 1481-1536/Vila Farnesina, Roma, Itália/Ghigo Roli); 140 (Chuva de meteoros Leonídeas em 1833, EUA, ilustração/J. T. Vintage)

Observatório Europeu do Sul: 157 (G. Huedepohl/atacamaphoto.com); 161; 172-3 (NASA/ ESA/Josh Lake)

Getty Images: 7 (Science & Society Picture Library); 8-9 (Ismail Duru/Anadolu Agency); 16, embaixo (Schellhorn/ullstein bild); 26 (DEA/Archivio J. Lange); 28 (DEA/G. Dagli Orti); 31 (DEA/G. Dagli Orti); 35 (Werner Forman/Universal Images Group); 38 (Werner Forman/Universal Images Group); 39 (Bettmann); 41 (SeM/UIG); 43 (no alto); 58 (DEA/G. Dagli Orti); 66 (Science & Society Picture Library); 74 (Science & Society Picture Library); 75 (Leemage/Corbis); 77 (Universal History Archive); 88 (J. W. Draper); 103 (Alessandro Vannini/Corbis); 117 (Stefano Bianchetti/Corbis); 120 (De Agostini Picture Library); 124 (DEA/V. Pirozzi); 135 (Ann Ronan Pictures/Print Collector); 139 (Oxford Science Archive/Print Collector); 141 (Elizaveta Becker/ullstein bild); 155, no alto (De Agostini Picture Library); 175 (Universal Images Group); 178 (DEA/G. Dagli Orti); 187 (Jay M. Pasachoff); 199 (NASA/Hulton Archive)

Google Earth: 16 (no alto)

Instituto de Astronomia, Universidade de Cambridge: 85; 113

P. Frankenstein/H. Zwietasch; Landesmuseum Wurttemberg, Stuttgart: 13 (no alto)

Mary Evans Picture Library: 93, 148

NASA: 106, 148, embaixo (JPL); 166 (R. Kirshner/Harvard-Smithsonian Center for Astrophysics); 171; 182 (N. Benitez, JHU; T. Broadhurst, Racah Institute of Physics/The Hebrew University; H. Ford, JHU; M. Clampin, STScI; G. Hartig, STScI; G. Illingworth, UCO/Lick Observatory; the ACS Science Team; and ESA); 185 (ESA/M. Kornmesser)

Museu Arqueológico Nacional, Atenas: 71 (embaixo)

Science Photo Library: 25 (Humanities and Social Sciences Library/Asian and Middle Eastern Division); 36-7 (NYPL/Science Source); 63 (Humanities and Social Sciences Library/Rare Books Division/New York Public Library); 72 (José Antonio Penas); 87 (Detlev van Ravenswaay); 95 (embaixo); 104 (embaixo); 125; 127, no alto (Royal Astronomical Society); 138 (Mark Garlick); 144 (Royal Astronomical Society); 145 (Royal Astronomical Society); 149 (ESA/Rosetta/Philae/ CIVA); 152 (Library of Congress); 154 (New York Public Library); 156 (Science Source); 160 (Emilio Segre Visual Archives/American Institute of Physics); 165 (embaixo); 188 (Mark Garlick); 197; 201 (NASA)

Shutterstock: 6; 10; 12 (embaixo); 13 (embaixo); 15x2; 17; 19; 29; 33; 40; 47 (no alto); 53; 54; 57; 68-9; 70; 73; 82; 91; 96-7; 99; 101; 102; 111; 118; 122-3; 126; 129; 130; 132; 133; 134; 137 (embaixo); 147; 155 (embaixo); 164; 165 (no alto); 168; 170; 174; 177; 181; 192-3; 198

Wellcome Trust: 18 (no alto); 34; 47 (embaixo); 61; 159 (embaixo)

Página 56: Copérnico, Nicolau, 1473-1543. *De revolutionibus orbium cœlestium*, sistema solar. (1566) Universidade Rice: http://hdl.handle.net/1911/78815

Página 176: fotografia © Andrew Dunn

Diagramas de David Woodroffe: 11; 12 (no alto); 43 (embaixo); 45; 64; 71 (no alto); 83; 100; 107; 109; 114; 115 (top); 180; 186; 190; 195

RR DONNELLEY

IMPRESSÃO E ACABAMENTO
Av Tucunaré 299 - Tamboré
Cep. 06460.020 - Barueri - SP - Brasil
Tel.: (55-11) 2148 3500 (55-21) 3906 2300
Fax: (55-11) 2148 3701 (55-21) 3906 2324

IMPRESSO EM SISTEMA CTP